中等职业学校航空服务应用型人才培养规划教材

主编 辜英智

MINHANG JICHU GAILUN

民航基础概论

编著 王志鸿 刘天刚

U0384262

四川大学出版社

责任编辑:舒　星
责任校对:袁　捷
封面设计:墨创文化
责任印制:王　炜

图书在版编目(CIP)数据

民航基础概论 / 王志鸿,刘天刚编著. —成都:
四川大学出版社,2015.9(2024.7重印)
中等职业学校航空服务应用型人才培养规划教材 /
辜英智主编
ISBN 978-7-5614-8989-5

Ⅰ. ①民… Ⅱ.①王… ②刘… Ⅲ.①民用航空-概
论-中等专业学校-教材 Ⅳ.①V19②F560.6

中国版本图书馆 CIP 数据核字(2015)第 223096 号

书　名	民航基础概论
主　　编	辜英智
编　　著	王志鸿　刘天刚
出　　版	四川大学出版社
地　　址	成都市一环路南一段24号(610065)
发　　行	四川大学出版社
书　　号	ISBN 978-7-5614-8989-5
印　　刷	成都金阳印务有限责任公司
成品尺寸	185 mm×260 mm
印　　张	9.75
字　　数	158 千字
版　　次	2015 年 11 月第 1 版
印　　次	2024 年 7 月第 11 次印刷
定　　价	22.00 元

◆读者邮购本书,请与本社发行科联系。
　电话:(028)85408408/(028)85401670/
　(028)85408023　邮政编码:610065
◆本社图书如有印装质量问题,请
　寄回出版社调换。
◆网址: http://press.scu.edu.cn

中等职业学校航空服务应用型人才培养规划教材
编审委员会

主　　编：辜英智

编　　委：王志鸿　刘天刚　王艺茹　黄代军

　　　　　杨　宇　罗娅兰　李洪祥　杨　玲

　　　　　杨　军　马秀英　周　敏　唐　冬

　　　　　胡启潮　李清霞　石羽平

总　序

随着社会的发展和科学的进步，人们生活水平不断提高，民用航空业发展迅速，呈现出爆发性增长趋势。

近年来，我国民用航空市场快速发展、潜力巨大，航空产业已形成颇具竞争力和影响力的航空经济发展模式，航空公司、机场、航空制造企业、航空维修企业、航空服务企业、航空教育与科研单位等对相关人才的需求与日俱增，为航空服务、航空市场营销等相关专业的毕业生提供了广阔的就业前景。

中等职业学校航空服务专业正是在这一背景下，适应市场需求而产生的。本专业立足于培养适应民航现代化建设需要，服务于生产和管理第一线，具有较高的思想政治素质的航空服务应用型人才。通过综合职业能力训练和全面素质的培养，使学生掌握从事民航旅客运输和管理的基本能力和技能，具有严谨的服务质量意识和良好的职业养成意识，熟悉航空服务的业务流程和工作要求以及有关的政策和法规，能灵活地运用航空英语及能商务礼仪，礼貌得体地与服务对象进行交往，能熟练地使用航空客舱各种设备和应急设备，具备空乘实务、空乘礼仪、语言能力、机舱救护能力、民航运输企业及航空商务管理与服务技能，能够为民航建设与发展做出自身贡献。

教材项目建设是一项系统工程，一定要体现民航学院的特色和成果，体现民航事业突飞猛进发展的时代特征和专业要求。为此，我们按照《中等职业学校航空服务应用型人才培养教材》的要求，注重实用性和适用性，将反映实际的教学设计和教学活动融入教材中，组织编写了这套中等职业学校航空服务应用型人才培养规划教材。

这套教材包括以下九种：《民航基础概论》《民航服务礼仪》《民航服务通用英语》《民航服务与沟通》《民航商务运输》《民航服务人员日常英语》《空中乘务实训指导》《民航安全检查实训指导》《民航空港地面服务实训指导》。主编辜英智，参与编撰的人员有王志鸿、刘天刚、王艺茹、黄代军、杨宇、罗娅兰、李洪祥、杨军、温善琨、杨玲、马秀英、周敏、唐冬、胡启潮、李清霞、石羽平等。其中，王志鸿负责整套教材的编审及统稿工作。在教材的编撰过程中，编撰者以严谨、认真的工作态度，反复斟酌、修改，力求以深入浅出的分析和生动具体的实例，编撰出能体现中等职业学校航空服务专业特色的系列教材，为我国民航事业的发展尽一份微薄之力。

教材的编撰，参考了一些相关文章和专著，引用了一些资料和图片，谨向这些著作的作者致以诚挚的谢意！教材的编撰和出版得到了成都东星航空旅游专修学院和四川大学出版社的大力支持。

成都东星航空职业学校教材编委会

2015 年 6 月

目　录

第一章 民用航空发展的历史

第一节 世界民用航空发展的历史

人类飞天的梦想自古有之，但人类真正将飞天的梦想变成现实是在 1783 年，法国的蒙特哥菲尔兄弟制造的热气球（图 1-1）载人升空，而后德国人开始用热气球运送邮件和乘客，民用航空正式出现。随着 1852 年飞艇在法国出现，人类有了可以操纵的有动力的航空器。随着气球、飞艇这些首先在民用领域使用的航空器在军事上的使用，航空器的作用日益凸显，但这些航空器体积大，速度慢，且操作不方便，因此它们的出现并没有开辟真正的航空时代。

图 1-1 蒙特哥菲尔兄弟的热气球

1903 年，美国的莱特兄弟制造的飞机（图 1-2）终于飞上了天空，虽然他们的飞机只在空中停留了约 1 分钟，但这却是航空新纪元的开始。1909 年，法国人布莱里奥驾驶飞机成功飞越约 40 千米宽的英吉利海峡，使人类历史上第一次有了国际航行。而后的 10 年中，飞机在军事上的用途逐渐增大，第一次世界大战也极大地推动了航空技术的发展。

图 1-2　莱特兄弟的飞机飞上天空

第一次世界大战后的巴黎和会上，诞生了世界上第一部国家间的航空法《巴黎公约》。1919 年年初，德国开始了国内的民航运输，而英国、法国也在同年 8 月开通了定期的空中客运。欧洲几个航空公司组建了国际航空运输协会，此后不久，欧洲就随之建立起了联系各国的航空网。

1933 年，美国人林德伯格驾驶飞机横跨大西洋，而此时也出现了较早的民航客机 DC-3，该飞机能搭载 30 名乘客，速度能达到 290 千米/小时，航程有 2420 千米。第二次世界大战的爆发让民航的发展几近停滞，不过也得益其推动，航空技术取得了较大的成就，为日后民航业的发展提供了技术支持。

图 1-3　DC-3

第二次世界大战结束前夕，1944 年，54 个国家在美国芝加哥的会议上签署了《国际民用航空公约》，即《芝加哥公约》，并根据公约的规定，于 1947 年成立了国际民航组织。各国也建立起了民航管理机构，民用航空从此变成了一个较为规范的世界性行业。

1950 年世界上第一架涡轮螺旋桨喷气客机投入使用，1956 年苏联的图 104 投入航线，1958 年美国的波音 707 和 DC—8 投入使用，标志着喷气航空时代的来临。尤其是波音 707 的速度可达到 1000 千米/小时，航程可达到 12000 千米，载客量可达到 158 人。

图 1—4　波音 707

随着经济的发展，人们对航空业的需求不断增加，同时由于材料科技的进步，飞机又再次迎来了大发展的时代，空中客车 A380 就是其中的佼佼者。A380 是欧洲空中客车工业公司研制生产的超大型远程宽体客机，有空中巨无霸之称。

A380 于 2005 年 4 月 27 日首航，于 2007 年 10 月 25 日第一次商业飞行。2009 年 7 月 9 日，新加坡航空开通首班新加坡至香港的 A380 航班。2011 年 10 月 17 日，A380 飞机正式执行中国大陆第一个载客飞行任务，首飞北京到广州航线。2012 年 3 月 1 日，中国南方航空股份有限公司第三架 A380 平稳降落在北京首都国际机场，并于 3 月 2 日正式投入运营北京—香港的航线。A380 在投入服务后，打破了波音 747 在远程超大型宽体客机领域保持 35 年的纪录，结束了其在市场上长达 30 多年的垄断，成为载客量最大的民用客机（载重量最大的飞机是军用的安东诺夫的 An—225 梦想式运输机）。

图 1—5　空中客车 A380

第二节　中国民用航空发展的历史

中国是世界上发明飞行器最早的国家，相传当初韩信为了向被围困在垓下的项羽军队传送楚地已经被刘邦占领的假消息而发明了风筝。宋朝时，中国就已经发明了火箭，明朝的万户还希望能乘坐火箭飞上天空并付诸实践，虽然他最终因火箭爆炸被炸死，但却是世界上第一个想利用火箭飞上天空的人。

中国人真正开始走向天空，是从冯如开始的。12 岁随父漂洋过海到美国谋生的冯如目睹了美国先进的工业，1903 年，当得知美国莱特兄弟发明了飞机后，他预见到飞机在军事上的价值，于 1907 年在旧金山以东的奥克兰设立飞机制造厂，于 1909 年正式成立广东飞行器公司，自己任总工程师。当年，公司便投入飞机制造。1910 年 7 月，冯如根据寇蒂斯"金箭"和莱特兄弟的"飞行者一号"制造了一架飞机，并于同年 10 月至 12 月驾驶它在奥克兰进行飞行表演且大获成功。1911 年 2 月，冯如谢绝国外的高薪邀请，带着助手及两架飞机回到中国。辛亥革命后，冯如被广东革命军政府委任为飞行队长。1912 年 8 月 25 日，冯如在广州燕塘的一场飞行表演中不幸失事牺牲，被追授为陆军少将，遗体被安葬在黄花岗，并立碑纪念，被尊为"中国首创飞行大家"。2009 年 5 月 25 日，中国空军司令员许其亮称冯如为"中国航空之父"。

图 1-6 冯如和"冯如 1 号"

1918 年，北洋政府交通部成立了筹办航空事宜处，这是中国最早的民用航空管理机构。1920 年，中国开通了北京—天津航线，这也是中国第一条航线。该航线于该年 4 月 22 日试飞成功，5 月 8 日正式开航，运载旅客和邮件。

1928 年 6 月，国民政府交通部开始筹办民用航空。1929 年 5 月，交通部成立沪蓉航空管理处，在上海、南京、汉口等地修建 5 个飞机场，同时购买了美国史汀生飞机公司地端特式上单翼小旅客机 4 架。航线的上海—南京段于 1929 年 7 月开航，一年内，飞行总里程累计达 15 万公里，载客 1200 人以及运送了众多邮件。

图 1-7 欧亚航空的行李标签

1930年7月，沪蓉管理处并入中美合办的中国航空公司。1931年2月，国民政府交通部与德国汉莎航空公司签订合办欧亚航空公司的合同，欧亚航空公司于同年3月成立，5月开航，后发展为中央航空公司。

1933年，粤、桂、闽、黔、滇五省官商合作，集资设立西南航空公司，购买史汀生小客机4架。1934年5月，广州—梧州—南宁—龙州线开航；9月，广州—海口线开航。两条航线共长1338公里，抗日战争期间停航，抗日战争胜利后复航，1947年再次停航。

图1-8　中央航空的空乘人员

1939年9月9日，国民政府交通部与苏联中央航空管理局订立中苏航运合约，合资组建中苏航空公司。航线定为从哈密经迪化（今乌鲁木齐）、伊犁到苏联的阿拉木图，航程1413公里，在哈密与中国航空公司航线连接。航线在1939年12月5日通航，从重庆到莫斯科需要4~5天。公司有道格拉斯DC-3式民航机3架。该航线于1948年因合约期满停航。

1949年，中国航空公司和中央航空公司迁到香港。1949年11月9日，中国航空公司总经理刘敬宜、中央航空公司总经理陈卓林代表两个航空公司4000名员工在香港宣告起义，公司总经理刘敬宜、陈卓林等随同12架起义飞机飞回内地。之后，大批相关人员回国参加航空建设。

图1-9 80年代的空乘服务人员

党的十一届三中全会以后，中国民航事业加快了前进步伐，同时也取得了非常大的成绩。1980年，邓小平同志指出，民航一定要走企业化的道路。同年3月，中国民用航空总局再次改为由国务院领导的直属局。此后，中国民航在管理体制方面进行了改革，以原有6个管理局为基础，分别组建了6家国家骨干航空公司。同时积极支持各地、各部门创办航空公司。还将机场和航务管理分开，机场成为独立的企业单位，而航务管理归属政府部门，受地区管理局领导。中国民用航空总局作为国务院管理民航事业的部门，不再直接经营航空业务，主要行使政府职能，进行行政管理。

1980年，中国民用航空总局买了波音747SP型宽体客机，标志我国飞机使用已部分达到了国际先进水平。1983年后，通过贷款、国际租赁和自筹资金相结合的方式，购买了一批波音和麦道多种型号的先进民航客机，使中国民用航空使用的运输飞机达到国际先进水平。与此同时，淘汰了一批老型号的飞机，加快了机型更新速度。到1990年年末，中国民用航空已拥有各型飞机421架，其中运输飞机206架，通用航空和教学校验飞机215架。大、中型客机的引进，客观上要求民航机场有一个与之相适应的发展水平和配套设施。民航机场出现了前所未有的兴旺局面。截至1990年年底，有民航航班运营的机场总数达到110个，其中可起降波音

747 型飞机的机场有 7 个。

"八五"期间民航业共完成基本建设和技术改造投资 320 亿元，新建、迁建机场 19 个，改建、扩建机场 15 个，同时，新开工了一些大型机场建设项目。到 1995 年年末，有航班运营的机场 139 个，其中能起降波音 747 飞机的 14 个，能起降波音 737 飞机的 81 个。

到 2000 年，全行业运输飞机达到 660 架左右，商载总吨位达到 1.35 万吨，客座数达到 9.6 万个，分别比 1995 年增加 71% 和 58%。全行业通用航空飞机达到 600 架左右。

2013 年，全行业完成运输总周转量 671.72 亿吨公里，国内航线完成总周转量 461.05 亿吨公里，国际航线完成 210.67 亿吨公里，全国民用机场完成旅客吞吐量 7.54 亿人次，截至 2013 年年底，我国共有颁证运输机场 193 个，有定期航线 2876 条，航空公司数量也达到 46 家。总之，我国民航业在过去虽然经历了许多波折，但其发展速度却异常迅猛，尤其是改革开放后，在各方面都取得了长足的发展，前景十分光明。

图 1—10　21 世纪的空乘人员

第二章　飞机基础常识

第一节　飞机的结构

　　飞机的组成部分包括机身、机翼、尾翼、起落架、动力装置和仪表设备等。飞机机体指的就是构成飞机外部形状的部分和承受飞机的主要受力结构，分为机身、机翼、尾翼、起落架。

一、机翼

　　飞机飞行时克服重力的升力是由机翼产生的。机翼升力的来源是空气流经机翼上下表面引起的压力差，合力的方向就是机翼空气作用力，垂直方向的投影为机翼升力，水平方向的投影为机翼阻力。因此，机翼产生升力的同时也产生阻力，升力和阻力是同生同灭的，阻力是获得升力的代价。升力和阻力的比值叫作升阻比，升阻比是机翼使用性能的基本参数，升阻比越高，飞机就越省油。为适应飞机起飞、巡航、降落各阶段的要求，需要人为地改变机翼的升阻比。飞行是通过驾驶员操纵改变机翼前缘和后缘可以活动的部分，以之改变机翼的构型来实现的。

　　这些部分有前后缘增升装置（缝翼、克鲁格襟翼、后缘襟翼、吹气装置等）、副翼、扰流片、减速板、升降副翼等。如图2-1所示，两片机翼对称安置在飞机机身中部的左右两端。

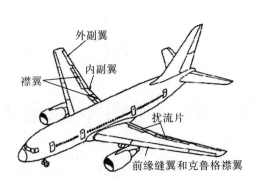

图 2-1　飞机机翼和机翼上的活动翼

（一）机翼的外形

机翼外形的几何参数有翼展、翼面积（机翼俯仰投影面积）、后掠角（主要有前缘后掠角、1/4 弦后掠角等）、上反角、翼剖面形状（翼型）等（如图 2-2 所示）。机翼的翼尖两点之间的距离称为翼展。机翼的剖面称为翼型。机翼的平面形状常用的有矩形翼、梯形翼、后掠翼、三角翼、双三角翼、箭形翼、边条翼、平直翼等。早期流行双翼机（多翼机），现代飞机一般都是单翼机。现代客机机翼为后掠翼平面形状；中等后掠角的机翼采用超临界翼型，翼尖有小翼以减少诱导阻力。

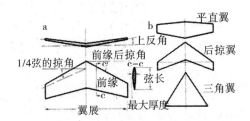

图 2-2　机翼几何参数和三种基本机翼

（二）机翼和机身的连接

翼根是机翼和机身的接合部分，也是机翼受力最大的部位。翼根在垂直方向上和水平方向上承受机翼传递机身的力及弯矩，如果使用时发生粗暴的着陆（重着陆）或飞机进入乱气流剧烈颠簸，一定要检查翼根是否发生损伤。机翼和机身之间的翼根处有整流罩，不仅能够减少飞行阻力，而且整流罩内的空间可用来安置起落架、空调等飞机设备。

根据机翼在机身上安装的部位和形式，可以把飞机分为上单翼、中单翼、下单翼（如图2-3所示）。

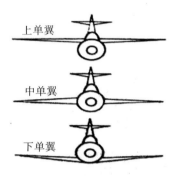

图2-3 机翼的部位

民航喷气飞机以采用下单翼布局的为多，主要原因有以下几点。

1. 下单翼飞机的机翼离地面近，起落架支柱长度短，减轻了重量，且飞机主起落架轮距宽，飞机重心低，起降稳定性高。

2. 迫降时机身触地，下单翼飞机机翼能够吸收大部分触地时产生的撞击能量，从而保护机身内的乘客和机组人员。

3. 机翼离地面近，便于接近，有利于维护和使用。

下单翼飞机的缺点是机身离地面高，人和货物上下不便，需要使用廊桥和梯车；发动机离地面太近，使用时会吸入跑道表面的砂石、冰雪，不仅会损伤发动机，而且对地面人员不安全。因此，军用运输机和支线螺旋桨飞机多数选用上单翼布局。

中单翼布局的空气阻力最小，但是因为机翼占用机身空间，影响载客量，所以不被民用飞机采用。

（三）安装角

机翼安装在机身上的角度，称为安装角。它是机翼与水平线所成的角度。安装角向上的称为上反角，向下的称为下反角。上反角能提高飞机的侧向稳定性，所以下单翼飞机都具有一定的上反角（如图2-4所示），而上单翼飞机通常有一定的下反角。

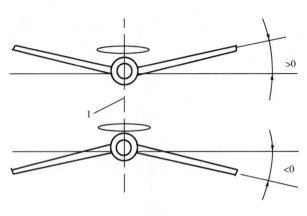

图 2-4　安装角

（四）机翼的结构

机翼由翼梁、翼肋、桁条和蒙皮组成。翼梁分为前梁和后梁。翼梁承担着机翼上的主要作用力。起落架及发动机吊架也连接在翼梁上。机翼所承受的空气动力通过蒙皮传给桁条，桁条嵌在翼肋上以支持蒙皮。翼肋保持着机翼的翼型，翼肋受力通过接头传给翼梁。机翼根部和机身的接合处、发动机吊架和机翼的接合处、起落架和机翼的接合处，均承受着巨大的应力，设计、制造、使用时要特别注意。

翼梁和桁条是纵向骨架，翼肋是横向骨架，蒙皮包覆在整个骨架上（如图 2-5 所示）。现代客机机翼内部的空间、前后翼梁之间的结构经密封后，可以用来存储燃油，叫结构油箱。机翼内部还可安置飞机起落架、附加翼面的操纵装置、防冰装置和灯光设备等。

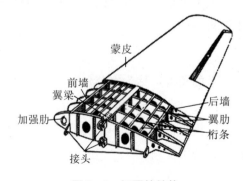

图 2-5　机翼的结构

二、机身

机身是飞机的运载部分。绝大部分的机身是筒状的，两头小、中间大的纺锤体（如图 2-6 所示）。通过增减机翼前后机身的分段可以使飞机形成系列化，满足用户的不同要求；同时，使用和维护的通用性也给用户带来了便利。

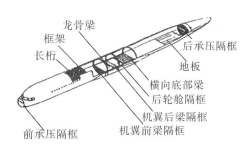

图 2-6　机身基本结构

机头向下收缩以扩大驾驶员的视野。机头最前端是雷达整流罩，机头上半部分是驾驶舱，电子设备安放在驾驶舱下。飞行时机头正面要承受迎面的空气压力，侧面有动压静压孔和飞行迎角等传感器，要求表面气流稳定，所以机头的外形呈圆滑的流线型，以减少空气阻力和稳定机头侧面的气流。

图 2-7　客舱典型布局剖面图

中间舱段分为上下两部分，上部用来装载旅客或货物，下部用来装载

行李、货物、燃油和设备。下舱又分为前后货舱，中间有设备舱隔开。客舱地板上固定有导轨，座椅固定在导轨上，可以根据要求改变客舱的布局。货舱地板上有托盘装置，以便于货物的装卸。客舱地板上有卸压口盖，当客货舱失压时，在压力差作用下此盖打开，保证飞机结构安全。机身尾部向上收缩，防止着陆时尾部擦地。

三、尾翼

尾翼由飞机尾部的水平尾翼和垂直尾翼组成，用以维持飞机的方向及水平的稳定性和操纵性（如图2—8所示）。

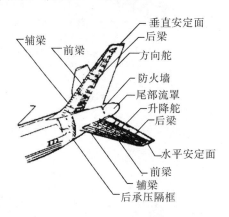

图 2—8　尾翼结构

尾翼结构和机翼结构相似，尾翼离飞机重心远，结构上越轻越好，所以复合材料的使用比机翼多，大部分飞机的方向舵、升降舵都是复合材料制成的。

尾翼前缘有防冰装置，尾翼尖端有灯和静电放电刷。尾翼可分为水平尾翼和垂直尾翼。水平尾翼由水平安定面和升降舵组成。水平安定面可调角度，升降舵可以上下转动；水平安定面保持飞机在飞行纵向的稳定，通过升降舵的运动则可以控制飞机向上抬头或向下的低头运动。现代高速客机的水平尾翼做成可以整体运动的形式，以便配平。水平尾翼一般安装在机身尾段上，在有些飞机上，为了避免发动机喷气干扰及平尾震颤，水平尾翼装在垂直尾翼上，又称"T"形尾翼。

垂直尾翼由固定的垂直安定面和活动的方向舵组成，方向舵可以左右转动。当方向舵左偏转时，所承受的迎面气流的压力使机尾向右、机头向左，实现飞机的左转；反之，则右转。当飞机受到干扰偏离航向时，垂直安定面上就会承受迎面气流的压力，使飞机恢复到原来的航向，保持纵向稳定。方向舵上面的小舵面用来纠正飞行中的航向偏差，叫作方向舵调整片。

垂直尾翼有单垂尾、双垂尾、多垂尾等多种形式。客机多采用单垂尾。

四、起落架

起落架的主要功用是承受和吸收飞机着陆时由于垂直速度带来的撞击能量，减少着陆接地时引起的过载，并减少滑行时因地面不平引起的振动；同时在飞机起飞滑跑、停放和滑行的过程中使飞机能够承受重力，操纵飞机在地面行走、转向和制动。除了使用雪橇在雪地起降的飞机和使用浮筒的水上飞机外，其他飞机都使用轮式起落架。

现代飞机的起落架一般包括起落架舱、刹车装置、减震装置、收放装置几个部分。通用航空的小型飞机因为飞行速度不快，对飞机气动外形的要求不十分严格，一般采用简单廉价的固定式起落架，省去了起落架舱和收放装置。现代客机飞行速度高，起落架暴露在外，会严重影响飞机的气动性能；而使用可收放的起落架，当飞机在空中飞行时，就可以将起落架收到机翼或机身之内，以获得良好的气动性能。虽然可收放起落架增加了复杂的收放系统，使得飞机的总重量增加，但总的说来是得大于失。起落架配置形式有前三点式、后三点式和多点式（如图2-9所示）。

前三点式起落架的两个支点（主轮）对称地安置在飞机重心后面，第三个支点（前轮）位于机身前部，形成正三角形，一轮在前，两轮在后。采用这种布局，飞机降落的稳定性好，降落时抬起机头，主轮先落地，并逐渐减速，然后飞机低头，恢复成水平状态，前轮落地。现代民航飞机一般采用前三点式起落架。

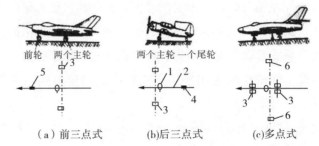

（a）前三点式　　　　(b)后三点式　　　　(c)多点式

1. 飞机重心；2. 飞机纵轴；3. 起落架主轮；4. 起落架尾轮；

5. 起落架前轮；6. 起落架辅轮

图 2—9　起落架机轮在飞机上的基本安排形式

后三点式起落架的两个支点（主轮）对称地安置在飞机重心前面，第三个支点（尾轮）位于飞机尾部，形成倒三角形，两轮在前，一轮在后。这种布局常见于早期的活塞螺旋桨飞机。现代民用小型机也有采用。这种布局的起落架地面转向机动能力好，但由于重心在主轮后面，所以降落时不稳定，容易发生侧滑甚至翻滚。这种布局的飞机降落时一般机身保持水平状态，主轮先落地，并逐渐减速，然后飞机抬头，较短的尾轮落地。

多点式起落架常用于一些重型飞机，如波音 747，它由一个前起落架（有些飞机有两个前起落架）、两个机身起落架和两个大翼起落架构成（如图 2-10 所示）。这种布局可以将飞机的重量分散在一个较大的面积上。

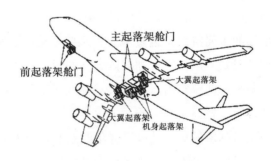

图 2—10　波音 747 的主起落架

飞机停放时前起落架受力仅为飞机重量的十分之一左右，余下的十分之九由主起落架支撑。飞机前起落架向前收起，紧急情况下可以依靠重力和迎面空气阻力放下起落架。

前起落架没有刹车装置，但是能够转向，驾驶员通过踏板或手柄操纵转向作动筒，以控制飞机在地面滑行时的方向。飞机前起落架支柱内有定中凸轮机构，着陆瞬间，支柱受力压缩定中凸轮机构，使前轮摆正；升空后，支柱不受力伸长时，前轮回到中立位置，便于收回起落架。

现代飞机前起落架有两个机轮，每个主起落架大致有 2~6 个机轮。无论起落架配置形式如何，着陆时都是主起落架先接地。起落架收放在起落架舱内。起落架舱门只在收起和放下过程中打开，其余时间舱门关闭以减小飞行阻力和防止异物进入舱内。

因为机场跑道所能承受的载荷有限，重型飞机采用多点式起落架的布置，轮子的数量取决于飞机的重量和使用的机场跑道所能承受的载荷，重量越大的飞机机轮越多，对跑道要求低的飞机相应地要增加机轮的数量。如目前最大的民航客机波音 747 的主起落架共有 16 个机轮。机轮是无内胎的，充气后依靠内气压使机轮和轮毂贴紧密封以保持轮胎压力。

轮毂上有易熔塞，当轮胎气压过高时，易熔塞熔化，自动释压。轮胎按照充气压力分为高压轮胎、中压轮胎和低压轮胎。低压轮胎的缺点是轮胎体积大，优点是减震效果好，对起降场的跑道要求低，适合支线飞机和小型飞机使用。现代民航飞机普遍使用高压轮胎。飞机轮胎要按要求充气到规定气压，轮胎磨损应及时更换，以保证安全。

飞机的起落架按结构可分为构架式起落架、支柱式起落架和摇臂式起落架。

构架式起落架的主要特点是通过承力构架将机轮与机翼或机身相连。承力构架中的杆件及减震支柱都是相互铰接的。它们只承受轴向力（沿各自的轴线方向）而不承受弯矩力。因此，这种结构的起落架构造简单，质量轻，在轻型低速飞机上用得很广泛。

支柱式起落架的主要特点是减震器与承力支柱合而为一，机轮直接固定在减震器的活塞杆上。减震支柱上端与机翼的连接形式取决于收放要求。对收放式起落架，撑杆可兼作收放作动筒。这种形式的起落架构造简单紧凑，易于收放，而且质量较小，是现代飞机上广泛采用的形式之一。支柱式起落架的缺点是活塞杆不但承受轴向力，还要承受弯矩力，因而容易磨损及出现卡滞现象，使减震器的密封性能变差，不能采用较大的初压力。

摇臂式起落架的主要特点是机轮通过可转动的摇臂与减震器的活塞杆相连。减震器亦可以兼作承力支柱。这种形式的活塞只承受轴向力，不承受弯矩力，因而密封性能好，可增大减震器的初压力，以减小减震器的尺寸，从而克服了支柱式起落架的缺点，在现代飞机上得到广泛的应用。摇臂式起落架的缺点是：构造较复杂，接头受力较大，因此在使用过程中磨损亦较大。

典型民航飞机主起落架采用多轮支柱式，如空客 A320 的主起落架由四个机轮构成一个轮式小车，车架和减震支柱连在一起，支柱旁有斜支柱和扭力撑杆，斜支柱承受水平方向的力，扭力撑杆抵抗轮车的扭转，使减震器主要承受垂直方向的力。减震支柱上端的收放作动筒可以将起落架收起或放下。轮架和支柱采用铰接，使几个轮子可以上下左右做相对运动，后部的轮架也可以绕支柱转动，以保证小车有最大的接地面积和较小的转弯半径。

起落架收放通过液压作动筒实现，收放到位时液压压力解除，以免损失液压能量并延长作动筒寿命。起落架上有收起和放下的锁定装置，收放到位时触动开关，指示起落架收放位置。起落架上装有空地传感器，当驾驶员忘记收放起落架时，传感器会根据逻辑电路发出声光警告。

飞机的减震支柱由内外两个互相套合的中空圆筒组成，里面封灌着工作介质液压油和氮气。内外圆筒彼此的关系有点像往复式发动机的汽缸和活塞，外筒固定于机身或机翼的结构上，内筒在接受冲击的时候滑入外筒，内筒氮气被压缩，液体向上流经活塞上的小孔，冲击能量转化为热能。

第二节　飞机发动机工作原理

自 1903 年莱特兄弟制造的第一架飞机问世以来，经过一个世纪的发展，民用航空动力装置已经取得巨大的成就，发动机的性能不断提高，在经济性、可靠性、使用寿命方面都达到了新的水平。

飞机的性能在很大程度上取决于动力装置的性能，因此发动机被称为飞机的心脏。世界上能够造飞机的国家很多，但可以独立研发制造发动机的国家目前只有中国、美国、俄罗斯、英国、法国、加拿大六国，而当前民用航空发动机市场基本为通用、普惠和罗尔斯·罗伊斯三家公司所垄断。

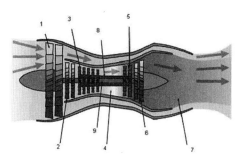

1. 风扇；2. 低压压缩机；3. 高压压缩机；4. 燃烧室；5. 高压涡轮机；

6. 低压涡轮机；7. 喷嘴；8. 高压转子；9. 低压转子

图 2-11 现代飞机发动机示意图

航空发动机分为活塞式发动机和喷气式发动机。第二次世界大战前，飞机使用的动力装置是由航空活塞发动机和螺旋桨组成。随着飞行高度和速度的增加，活塞式发动机的功率和螺旋桨的效率急剧下降，为解决这一问题，德国和英国率先开发出了喷气式发动机。喷气式发动机重量轻、推力大，能够使飞机超音速飞行。20 世纪 50 年代，在涡轮喷气发动机的基础上发展出了更适合民用飞机的涡轮风扇喷气发动机、涡轮轴发动机和涡轮螺旋桨发动机。70 年代，为应对石油危机又催生了具有高燃油经济性能的桨扇发动机。

上述航空发动机都是热机，是将燃料的化学能燃烧释放出的热能转变为机械能。从热力循环的方式来说，喷气式发动机是布莱顿循环，而活塞式发动机是定容燃烧循环。

一、活塞式发动机

活塞式航空发动机是一种汽油内燃机，发动机产生的扭矩通过减速器

降低转速传输给螺旋桨,产生飞机前进所需要的拉力。活塞式动力装置由航空活塞发动机(热机)和螺旋桨(推进器)组成。

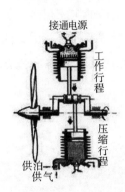

图 2—12 活塞式发动机

活塞式发动机是四行程发动机,主要由汽缸、移动活塞、连杆、曲轴、机匣及进排气门等构件组成。

汽缸是发动机的工作室,油气混合气在其中燃烧所产生的高温高压燃气推动活塞做直线运动,带动曲轴旋转。

发动机按活塞的运动方式分为往复式活塞发动机和转子活塞发动机;按汽缸的排列形式可分为直立形、对立形、星形、X 形和 Y 形;按喷油的方式可分为汽化器式和直喷式;按冷却方式可分为液冷式和气冷式。

航空活塞式发动机工作时,曲轴每转两转,活塞在汽缸中上下往复运动两次,完成四个行程,分别为进气行程、压缩行程、膨胀行程与排气行程,即发动机的一个热力循环。该循环包括五个过程:①进气过程;②压缩过程;③燃烧过程;④膨胀过程;⑤排气过程。

与喷气式发动机相比,活塞式发动机具有经济性好、寿命长等优点。目前在农业飞机、短途运输机和超轻型飞机上被广泛使用。

二、空气喷气发动机

空气喷气发动机同活塞式发动机的不同之处在于,喷气发动机既是热机又是推进器。作为热机,其工作时燃料燃烧释放的热能转换为发动机气流的动能;作为推进器,其进出口速度的变化产生动量差,直接产生反作用推力。

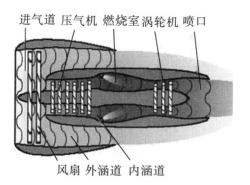

进气道 压气机 燃烧室 涡轮机 喷口

风扇 外涵道 内涵道

图2－13　空气喷气发动机

空气喷气发动机有同活塞式发动机类似的工作冲程：首先空气经进气道进入压气机，压气机通过叶片对空气做功，提高了空气的压力，为压缩冲程；接着高压空气在燃烧室内和雾状燃油混合，燃烧形成高温高压的燃气，膨胀气体对涡轮做功，涡轮转动，带动压气机工作，为工作冲程；最后气体从尾喷管中喷出，为排气冲程。

三、涡轮风扇喷气发动机

对于涡轮喷气发动机（简称涡喷发动机）来说，只能通过提高排气速度来提高推力，而客机飞行速度不快，发动机排气速度快，不但导致低速时推进效率损失很大，而且噪声也大。因此，亚音速巡航的民用喷气客机普遍采用涡轮风扇喷气发动机作为动力装置，涡喷发动机仅在超音速客机上使用。涡轮风扇发动机具有起飞推力大、巡航经济性好、噪声低等优点，但是高速性能差，迎风面积大。

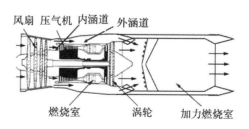

风扇 压气机 内涵道 外涵道

燃烧室 涡轮 加力燃烧室

图2－14　涡轮风扇喷气发动机

涡轮风扇喷气发动机与涡喷发动机相比，在结构上增加了一个不经过燃烧室的外涵道。空气经进气道流过风扇后被分成两股，一股进入内涵道，经低压压气机、高压压气机、燃烧室、高压涡轮、低压涡轮和尾喷管排出，另一股进入外涵道，直接排出。

四、涡轮轴发动机

随着飞机的不断发展，对发动机的动力需求也越来越大，涡轮轴发动机应运而生了，涡轮轴发动机的特点是发动机所有可用的燃气能量几乎全部转化为涡轮轴功，带动旋翼和尾桨。从结构上看，涡轮轴发动机和涡轮螺旋桨发动机除减速器外，其余部件往往是通用的。若作为直升机的动力装置，涡轮轴发动机比活塞式发动机优越得多，主要表现为重量轻、功率大、振动小以及构造简单等。特别是随着飞行高度的增加，它的性能比活塞式发动机更为优越。不过，小型的活塞式发动机在成本、耗油率方面仍有优势。

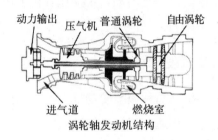

图 2-15　涡轮轴发动机

五、辅助动力装置

大中型飞机和大型直升机上，为了减少对地面（机场）供电设备的依赖，都装有独立的小型动力装置，称为辅助动力装置（APU）。

辅助动力装置的主要作用是向飞机独立地提供电力和压缩空气，也有少量的 APU 可以向飞机提供附加推力。飞机起飞前，由辅助动力装置供电或供气来启动主发动机，从而不需依赖地面电、气源车来发动飞机发动机；在地面时，辅助动力装置提供电力保证客舱和驾驶舱内的使用，并供给空调系统压缩空气；在飞机起飞时，使发动机功率全部用于地面加速和爬升，改善了起飞性能；飞机降落后，仍由辅助动力装置供应电力照明和空调，使主发动机提早关闭，从而节省燃油，降低机场噪声。

通常在飞机爬升到一定高度（5000米以下）时辅助动力装置关闭，但在飞行中当主发动机空中停车时，辅助动力装置可在一定高度（一般为10000米以下）的高空中及时启动，为发动机重新启动提供动力。

现代化的大、中型客机上，APU是保证发动机在空中停车后再次启动的主要装备，它直接影响飞行安全。APU又是保证飞机停在地面时客舱舒适度的必要条件，而客舱舒适度会影响旅客对所乘机型的选择。总之，APU已成为飞机上一个不可或缺的系统。

第三节　飞机的组成系统

飞机系统是为完成各种飞行任务而安装的各种设备及系统的总称。飞机的主要系统有液压系统、燃油系统、电气系统、照明系统、飞机座舱环境控制系统、防冰排雨系统、机上设备系统、航空机载设备及系统等。

一、液压系统

液压系统是以油液为介质传递动力的系统，它通过压力源给系统增压，以达到驱动负载（液压传动装置）的目的。液压系统的优点是体积小，重量轻，传动灵敏准确，作动平稳可靠，工作效率高。根据帕斯卡定理，在充满液体的密封容器中，因为液体的不可压缩性，对液体的任何一部分施加压力，压力都会被液体不变地传到整个容器的任一点。飞机液压系统主要用于飞机操纵，如副翼、方向舵、水平尾翼和扰流片的操纵，也用于起落架、襟翼和减速板的收放、反推操纵等。液压系统是飞机的关键系统，必须保证可靠，因此飞机上有多个液压系统独立工作，如果有一个系统失效，其他系统仍能正常工作，维持液压系统的功能，保证飞行安全。

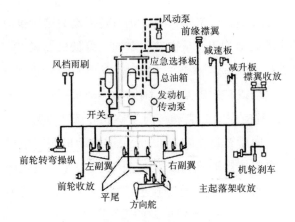

图 2-16 飞机液压系统示意图

液压系统按功能分为以下两大部分。

1. 液压源系统

液压系统包括液压增压泵、油箱、油滤、冷却装置、压力调节装置及蓄压器等。除每台发动机带动一个液压泵之外，还有电动液压泵、辅助动力装置带动的液压泵及空气冲压涡轮带动的液压泵。液压系统工作压力越大，设备重量越轻，占用空间越小。

2. 工作系统

工作系统是利用液压源提供的液压能量实现工作任务的系统，包括动作执行机构和控制调节元件，能够完成不同形式和顺序的运动，如起落架的收放。

液压油是系统的工作介质，其作用是传递压力能量、润滑、冷却和防止锈蚀。液压油要求润滑性好，黏度适中，不易燃，不可压缩。小型飞机一般使用被染成红色的矿物油，又称红油；大型飞机一般使用被染成淡紫色的合成油，又称紫油。

二、燃油系统

飞机燃油系统用来储存所需燃油，并保证飞机在各种高度及姿态下，能根据需要可靠地将洁净的燃油连续供应到发动机和辅助动力装置。飞机燃油系统由燃油油箱、加放油系统、供油系统、通气增压系统、燃油交输系统和燃油指示系统等部分组成。

大部分现代客机都利用位于机翼、中央翼及尾翼内结构的空间储存燃油，这些结构又称整体结构油箱。结构油箱内构件的连接处用密封胶封严，其弊端是随着飞行中油箱密封处的振动及使用时间的延长，密封胶会老化失效，导致燃油渗漏到机翼外部，严重影响飞行安全。此外，每个油箱的最低点都有一个排放活门，用来排出油箱内的沉淀物和积水。

飞行时为了保持平衡，可以通过油箱之间的管路和活门输送燃油来改变飞机重心。例如，左右机翼油箱通过燃油交输活门连接，燃油可以在左翼与右翼之间输送。

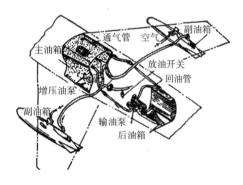

图 2-17　飞机燃油系统

三、电气系统

飞机的电气系统由电源系统、输配电系统和用电设备三大部分组成，也可将前两部分总称为供电系统。电气系统的功能是产生、变换和分配电能，它是确保飞机各系统正常工作和飞机安全飞行必不可少的重要系统之一。用电设备则分属各机载系统。

飞机电源系统由主电源、辅助电源、应急电源、二次电源及地面电源接口组成。主电源是发动机驱动的发电机。辅助电源有航空蓄电池和辅助动力系统驱动的发电机。应急电源有冲压空气涡轮发电机，用于应急供电，保证飞机紧急着陆和飞行。二次电源是将主电源电能转变为另外一种形式或规格的电能，如高压交流电变换为低压直流电。

飞机电源系统的主要类型有低压直流系统、变速变频交流电源系统、恒速恒频交流电源系统、变速恒频交流电源系统。电源系统的供电方式：

对于直流供电系统，普遍采用并联供电；对于交流供电系统，可以采用单独供电，也可以采用并联供电。并联供电系统的可靠性高、供电质量高，但是控制复杂，多用于大型飞机如波音 747。多数飞机都是单独供电，工作时发动机带动发电机分别向各自的汇流条供电。

航空蓄电池放电时将化学能转换为电能，充电时又将电能转化为化学能储存起来。航空蓄电池分为稀硫酸电解质的酸性铅蓄电池和氢氧化物电解质的银锌碱性蓄电池或碱性镍镉蓄电池。镍镉蓄电池具有放电电压平稳、使用可靠、寿命长的优点，所以被广泛使用在大型飞机上。航空蓄电池的功用是启动发动机或辅助动力装置，并在应急的情况下向最重要的飞行仪表和无线电通信、导航、飞机操纵等设备提供电源。

飞机在地面时，可以使用地面外接电源。接通外接电源后，通过汇流条向机上所有负载供电。此时机上电源不向汇流条供电。

四、照明系统

飞机灯光照明系统分为机内照明、机外照明和应急照明。

机内照明包括驾驶舱的照明、客舱照明和仪表指示及警告指示的灯光。驾驶舱的灯光照明系统能够照明驾驶舱，并能局部照明操纵台、仪表和操纵装置。客舱照明包括一般照明、乘客单独照明和指示信号牌的照明、货舱及服务舱内的工作照明。一般照明包括天花板灯和窗花灯照明客舱区域。进口灯和门槛灯给登机口处提供照明，可以通过开关控制明暗。指示信号牌点亮后，可以看到牌上的字样。信号牌由开关控制，当开关在自动位，襟翼放下时，系好安全带信号牌自动点亮。开关在接通位时，相应灯点亮；开关在断开位时则灯熄灭。信号牌点亮的同时，喇叭会发出低频咚咚声，以提醒乘客注意。

机外照明包括着陆灯、滑行灯、探冰灯、航行灯、防撞灯、航徽标志照明灯等。航行灯用来显示飞机的轮廓，灯的颜色是左红、右绿、尾白。防撞灯又称闪光灯，有电机旋转式、气体脉冲放电式和晶体管开关式等几种类型。

图 2-18　飞机照明系统

应急照明主要包括紧急降落所需的仪表照明，以及降落后乘客迅速撤离飞机的通道、出口区域、出口标志的应急照明。登机门上面的出门灯和机舱应急出口灯在飞机电源全部失效时能够自动点亮。有些灯光组件可以从其安装架上拆下，作为手提灯使用。

五、飞机座舱环境控制系统

飞机在天空飞行时，随着高度的增加，会产生大气压下降及随之带来的大气中含氧量下降的情况。高度超过 4000 米，人就会出现缺氧症状。为确保飞行安全，提高乘客和机组人员的舒适度，特设了保障系统即座舱环境控制系统，它包括氧气系统、增压座舱和空调系统三个组成部分。

（一）氧气系统

现代民航飞机的氧气系统只在紧急情况下供救生使用。它由氧源、供氧管路、氧气面罩三部分组成。一般情况下，绝大多数客机的氧气是用高压气瓶储存的，但有的飞机上会配有化学的氧气发生器作备用气源，还有个别的客机及军用飞机以液氧为氧气源。氧气经过供氧管路送到氧气面罩上。客机上的氧气面罩在乘客座位上方的天花板上，一旦气压降到 4500 米高度以上的气压值时，面罩会自动落下，供乘客使用。

（二）增压座舱

飞机飞行高度超过 4000 米后就会使人产生减压症状，所以人们开始

想办法进行增压保护。以前活塞式飞机的解决办法是给乘员穿上抗荷服，戴上氧气面罩。而喷气式飞机的飞行高度在 7000 米以上，必须给整个座舱供气增压，使舱内压力大于外界大气压。增压的座舱是密封的，所以增压座舱又叫气密座舱。增压后机身蒙皮承受拉应力。

客舱增压空气的主要气源是发动机压气机的引气。通常有两个引气口，飞行时由中压级引气，中压引气压力不足时由高压级引气，辅助气源是 APU 的引气，地面工作时使用地面气源车为气源。

（三）空调系统

空调系统用于保证座舱内的温度、湿度适宜，提供舒适、安全的飞行环境。

发动机引出的高温空气，经过热交换器冷却后，进入空气涡轮机中膨胀冷却，向机舱提供适宜的空气。

六、防冰排雨系统

飞机的防冰排雨系统的主要作用是防止飞机的某些关键部位或部件结冰，并且保证在雨天飞行时驾驶舱风挡的干燥，使其不会妨碍驾驶员的视线。

（一）飞机防冰

飞机结冰会影响飞行性能。在结冰的气象条件下飞行的飞机，若无防冰措施，飞机的所有迎风面都可能结冰。飞机结冰后，会破坏飞机的气动外形，因而升力减少，阻力增大，使飞机的操纵性能下降。若传感器结冰，则会导致信号失真和指示失常，使飞行员不能正确判断飞机状态。

飞机上的主要防冰区域有机翼、尾翼、发动机进气道、螺旋桨、风挡玻璃和测温、测压探头。根据这些部位的不同和防冰所需能量的大小，有不同的防冰方法。

防冰系统有两种：一种是不允许飞机部件结冰的防冰系统，另一种称为除冰系统；根据防冰所采用能量形式的不同，又可分成机械除冰系统、电脉冲除冰系统、液体防冰系统、热空气防冰系统和电热防冰系统。

1. 机械除冰

机械除冰就是利用机械方法使冰破碎，然后借助高速气流将冰屑吹掉。

2. 电脉冲除冰

电脉冲除冰是一种高效节能的除冰方法。电脉冲除冰系统由供电装置（变压整流器及电容式储能器组成的脉冲发生器）、程序器和感应器等几部分组成。其工作原理是：

电热冰刀首先将冰分割成小块，然后脉冲发生器产生电脉冲，作用在感应器上，使蒙皮产生作用时间很短的脉冲，并产生小振幅、高频率振动，使冰块脱落。

3. 液体防冰

液体防冰是一种物理防冰方法。它的基本原理是借助某种液体减小冰与飞机表面的附着力或降低水在飞机防冰表面的冻结温度。液体防冰系统可以连续地或周期性地向防冰表面喷射工作液体。要求工作液体具有凝结温度低、与水混合性能好、与防冰表面附着力强、对防冰表面没有化学腐蚀作用、无毒以及防火性能好等特点。

4. 热空气防冰

热空气防冰系统要求热源充足、能量大，通常用于机翼和尾翼的大面积防冰。

热空气的来源主要有如下三种类型。

（1）发动机压气机引气。现代民航客机多采用涡扇发动机，压气机的引气直接用于大翼或水平安定面前缘、发动机整流罩的热防冰。

（2）发动机排气热交换器。在采用活塞式发动机的飞机上通过发动机排气热交换器产生热空气。热交换器的热气流是发动机的废燃气，冷气流来自外界大气。大气流经热交换器被加热后送入防冰系统，作为加温热空气。

（3）燃烧加温器。有些早期飞机上采用专门的燃烧加温器提供防冰热空气。在燃烧加温器中燃烧燃油，外界空气流过燃烧加温器时被加热，然后被输送到防冰系统。

5. 电热防冰

电热防冰是通过向加温元件通电以产生热量进行加温的。电热防冰主要用于小部件、小面积的防冰。现代飞机上的空速管、迎角探测器、总温探头、水管、驾驶舱风挡等多采用电热防冰。探头加温有的不能在地面进行；有的则可通过空地感应电门进行功率转换，即在地面时进行小功率加温，在空中可进行正常加温。

（二）防雨装置

飞机防雨主要是防止雨水在风挡玻璃上聚集，使驾驶员保持良好的视线。中小型飞机采用的是和汽车同样的雨刷来刷去雨水，只不过这种雨刷要承担更大的速度和空气动力载荷，功率更大。大型飞机多使用化学液体喷洒在风挡上，这种防雨液的作用是使雨点聚积成球状，然后被吹走，不在玻璃上依附，因而不会影响视线。这种方法只有在雨水较大、能使风挡玻璃湿透时才能使用；在雨水较小时，防雨液可能粘在玻璃上，清洗较困难。也有飞机将从发动机引来的热气吹在风挡外面来防雨。

七、防火系统

飞机在使用中有发生火灾的危险，因此现代飞机上都有专门的防火系统，当飞机发生火险后，能迅速扑灭火源。防火系统包括火警探测系统和灭火系统。火警探测系统由发动机和辅助动力装置火警探测、货舱温度和烟雾探测、机轮舱和引气管道过热探测等组成。灭火系统由灭火剂贮存、灭火剂释放等组成。防火系统平常不工作，但万一发生火险，必须迅速启动灭火，因此需要定期检查、测试，以保证系统的可靠性。

（一）火警探测系统

火警探测系统的工作原理是将火警发生时的特征物理量转换成电信号，超过阈值时，即接通火险报警。火警探测系统按照探测部位的不同分为单元型和连续型两种。单元型火警探测器用于探测最有可能发生火险部位的温度，是点探测器，分为熔融—连接开关和热电偶探测器两种。连续型火警探测器可以对可能的防火区域进行全方位的探测，是面探测器。系统通过电线或管路围绕防火区形成探温环路，分为电阻型和电容型两种。

电阻型探温环路在正常温度下，环路内通过微量电流不足以作动火警警告；温度上升时，因为材料的负温度电阻特性，电流超过预定值，接通火警警告电路。电容型探温环路利用温度和电容同比的特性探测火警。与电阻型相比，它的优点是探温环路接地或短路时不会产生错误的火警信号。

烟雾探测系统安装在飞机的货舱、设备舱、厕所等处，它通过探测燃烧烟雾来判断火险是否存在，包括 CO 探测和烟雾探测。CO 探测器用于客舱和驾驶舱的火警探测。飞机燃烧时产生大量的 CO，CO 探测器通过指示器的变色来判断 CO 浓度，进而判断火警。烟雾探测器分为光电池型和电离型两种。光电池型烟雾探测器中有烟雾时，烟雾微粒被光线照射、反射，引起光电池产生电流，经放大后接通警告灯和警铃。电离型探测器内有被电离的空气，当烟雾进入探测室内时，烟雾被吸附在空气离子上，会减弱空气的电离度。

火警探测系统在使用中经常会发生虚假火警，但若为了减少虚假火警而提高报警阈值，又有可能漏报火警，引起严重的后果，因此有专门的火警试验电路，用来定期测试、检查系统的探温环路是否正常工作。

（二）灭火系统

火警探测系统发现火警后发出声音和灯光警告，驾驶员操作灭火手柄激发电爆管引爆灭火剂释放口，将灭火剂释放到相应区域。当火警探测系统没有触发火警信号，灭火瓶温度过高时，易熔塞熔化，灭火瓶释放压力，自动排出灭火剂。此时红色的灭火瓶释放指示器标贴被吹掉。

八、机上设备

机上设备的作用是保证乘客和机组人员有舒适、方便的生活环境，提供行李、货物的存放服务，并在紧急情况下保证人员的安全。

（一）驾驶舱设备

驾驶舱内安置了飞机系统、发动机和无线电电子设备的操纵装置以及它们的显示仪表。两套飞行导航仪表分别列在正、副驾驶员前面的显示屏上，中间是显示飞机发动机状态和各系统检查的显示屏。正、副驾驶员座椅中间的位置是中央操纵台，安置了发动机油门杆、襟翼控制杆及通信导

航设备。正、副驾驶员座椅可以上下前后调节。

（二）客舱设备

客舱是乘客在空中旅行时生活的地方。客舱的布局可以按照需要任意改变，以适应航空公司不同的需要。客机客舱分头等舱、商务舱、经济舱三个等级，之间用可拆卸的隔板隔开。不同等级的客舱除座椅不同外，座位的宽度和排距也不一样。

（三）厨房和卫生间

飞机厨房的大小按照乘客人数的多少配置，厨房按照供餐路线最短布置。单通道窄体客机的厨房一般布置在机舱尾部，双通道宽体客机的厨房一般布置在机舱头、尾两部，而很多中小型短途客机没有厨房。厨房中有电加热烤箱、烧水器、冰箱，还有食品柜和废物箱。飞机上有专门的水箱来储存饮用水。水箱由增压空气加压。为了避免高空飞行中水管冻结爆裂，水管带有加热装置。

图 2-19 飞机上的厨房设备

飞机上的卫生间按照飞机的大小分别安置在前后机舱，通常 40～50 人一个卫生间。卫生间冲洗马桶的水储存在污水箱内，产生的污水经化学消毒、过滤后循环使用（冲洗马桶）。

（四）货舱

1. 客机货舱

客机客舱地板下面是货舱，用来存放乘客的托运行李。除此之外，货舱还可以运输货物，获得货运收入。受机身结构的限制货舱门不能做得太大，所以货舱只能运输散货。

图 2—20　客机的货舱

2. 快速转换性飞机货舱

有些客机被设计成能够按照需要在一天或更短的时间内转换成货机。通常这种飞机已经预置了货舱门，飞机的座椅与导轨采用快卸式连接，可以迅速拆下并装上滚棒。

3. 专用货机货舱

专用货机很大一部分是由客机改装而来的，即在机身侧面改装出货舱门，以使标准航空集装箱进入货舱。为了加快货物装卸的速度，提高飞机的使用效率，货舱内装有滚棒系统。

九、航空机载设备及系统

航空机载设备及系统是为完成各种飞行任务而安装的各种设备及系统的总称，主要用于导航、通信、座舱显示与环境控制、信息综合与处理以及飞机发动机和机上系统的控制与管理等。随着电子技术特别是计算机技术的发展和应用，机载设备及系统发生了重大的革新。

（一）飞机的电子仪表系统

飞机的电子仪表系统分为三部分：飞行控制仪表系统、导航系统和通信系统。飞机的电子仪表系统是飞机感知和处理外部情况并控制飞行状态的核心，相当于人的大脑及神经系统，对保障飞行安全、改善飞行性能起着关键作用。

图 2-21　航空电子仪表系统

1. 飞行控制系统

飞行控制系统的基本功能是控制飞机气动操纵面，改变飞机的布局，增强飞机的稳定性，改善操纵品质，优化飞行性能。其具体功能有：保持飞机姿态和航向，控制空速及飞行轨迹，自动导航和自动着陆。该系统的作用是减轻飞行员的工作负担，做到安全飞行，提高完成任务的效率和经济性。

2. 电子综合仪表系统

20 世纪 60 年代后，由于计算机的小型化及显像管的广泛应用，飞机飞行仪表发生了革命性变化，新一代电子综合仪表广泛应用。该仪表系统由两大部分组成：

一是电子飞行仪表系统（包括电子水平状态指示器、电子姿态指引仪、符号发生器及方式控制面板、信号仪表选择板等）；一是发动机指示与机组警告系统，可以显示发动机的参数并对其进行自动监控，如出现工作异常情况，则会发出警告并记录下发生故障时的系统参数。

3. 飞机自动驾驶系统

飞机自动驾驶的功能早就出现了，只是当时它所能控制的范围太小。一开始是利用陀螺仪控制和纠正飞机的飞行姿态。20 世纪 30 年代发展为可控制和保持飞机的高度、速度及航迹的自动驾驶仪。50 年代时又出现与导航系统、仪表着陆系统相配合的自动驾驶仪，实现了飞机长距离自动飞行、起飞和着陆。而到了 70 年代中期，因为计算机的应用，自动驾驶仪实现了更高程度的自动化。

（二）飞机综合电子控制系统

1. 飞行管理计算机系统

随着飞机驾驶自动化的进一步发展，要求对飞机的信号基准系统、启动驾驶系统和显示系统进行统一综合管理，使飞机在整个航线实现最佳性能的自动驾驶飞行，这个任务即由飞行管理计算机系统完成。

2. 飞行信息记录系统（俗称"黑匣子"）

飞行信息记录系统包括两个部分。一个是数字飞行数据记录器，它能将飞机系统工作状况和发动机工作参数等飞行参数都记录下来。记录器可记录 25 个小时的 60 多种数据，其中有 16 种是必录数据（主要是加速度、姿态、空速、时间、推力及各操纵面的位置）。另一种是驾驶舱话音记录器。它实际上就是一个无线电通话记录器，可以记录飞机上的各种通话。这一仪器上的 4 条音轨分别记录飞行员与地面指挥机构的通话，正、副驾驶员之间的对话，机长、空中小姐对乘客的讲话，以及驾驶舱内的各种声音。记录器记录飞行最后 30 分钟内的信号，同时把以前的信号抹掉。

"黑匣子"通常安装在飞机尾部最安全的部位，也就是失事时最不易损坏的部位，并带有自动信号发生器和水下超大型定位标。

"黑匣子"并不是黑色的，为了便于人们搜寻，它被涂上了国际通用的警告色——鲜艳的橘黄色。

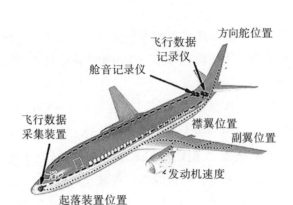

方向舵位置

飞行数据
记录仪

舱音记录仪

襟翼位置

副翼位置

飞行数据
采集装置

发动机速度

起落装置位置

图 2-22　飞机黑匣子的作用示意图

3. 增强型近地警告系统

增强型近地警告系统使用自身的全球机场位置数据库和地形数据库，并且利用飞机位置、气压高度和飞行轨迹信息来确定潜在的撞地危险，通过灯光和声音通知驾驶员飞机正在以不安全的方式或速度靠近地面，警告驾驶员预防因疏忽或计算不周而可能发生的可控飞行触地事故。该系统目前已成为新出厂大型客机的标准配备。

4. 空中警告及避撞系统（TCAS）

空中警告及避撞系统是根据二次雷达用应答机确定飞机编号、航向和高度的原理，通过安装在飞机上的询问装置，使飞机之间可以显示彼此的距离间隔，帮助驾驶员采取相应的措施，防止空中碰撞。防撞系统可显示飞机周围的情况，并在需要时提供语音告警，同时帮助驾驶员以适当的机动方式躲避危险，避免灾难性事故的发生。

空中警告及避撞系统主要由询问器、应答机、收发机和计算机组成。监视范围一般为前方 30 海里，上、下方为 3000 米。空中警告及避撞系统的询问器发出脉冲信号，这种无线电信号称为询问信号与地面发射的空中雷达交通管制信号类似，当其他飞机的应答器接收到询问信号时，就会发射应答信号。空中警告及避撞系统的计算机根据发射信号和应答信号之间的时间间隔来计算两机之间的距离，同时根据方向天线确定方位，为驾驶员提供信息和警告。这些信息都显示在驾驶员的导航信息显示器上。

有能力辨别飞机的识别代码和气压高度的地面管制雷达称为二次雷达。二次雷达向飞机发出询问信号，机上的应答机就会被触发，根据地面询问的模式自动产生应答脉冲信号，向地面雷达报告飞机的编码或飞行高度，这样在雷达屏幕上的飞机光点就会显示出飞机的编码和高度。这使得航行管制工作的准确性大为提高，管制方式也由程序管制变为雷达管制。应答机的工作频率为 1090MHz。

5. 电传操纵系统

简单地说，电传操纵系统就是把传统的对飞机的机械操纵全部改由电信号代替，从而形成电传操纵。电传操纵系统与机械系统相比，减少了运动摩擦和操作时间延迟的发生，操纵灵敏性更高，避免了原来的手动操纵与自动操纵间转换时的不协调；减轻了操纵系统的重量；与飞机仪表和航电系统交联，提高了飞行自动化水平。

在民航飞机中，最先采用电传操纵系统的是空客 A320。而到了 21 世纪，大型客机多数配有电传操纵系统。

（三）导航系统

飞机导航系统是用来确定飞机位置、速度和航向并引导飞机按预定航线飞行的整套设备。

根据工作原理，导航系统可分为他备式导航和自备式导航两大类。为发挥不同导航系统的优点，还出现了组合导航系统。他备式导航系统的数据是由飞机上的导航设备依靠外部的基准导航台（包括地面或卫星）取得，包括各种无线电导航系统，如塔康、伏尔、罗兰、奥米加以及卫星导航系统等。组合导航系统是两种或两种以上导航系统的结合，这类系统多以惯性导航作为分系统，然后构成罗兰、奥米加、天文和全球定位等惯性导航系统。

根据作用距离的不同，机载导航系统可分为远程导航系统、中近程导航系统、区域导航系统和进场着陆系统几种。

1. 远程导航系统

通常把作用距离达几千千米以上的归为远程导航系统。目前绝大部分飞机的无线电导航使用全球定位系统（GPS），它属于测距型卫星导航系统。

2. 中近程导航系统

典型的有无线电罗盘、台卡、伏尔和塔康（TACAN）等。

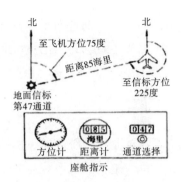

图 2-23 TACAN

3. 区域导航系统

区域导航系统由各导向设备（如 VOR、DME、大气数据计算机等）、计算机、控制显示器等组成，是航空导航的一种新发展。

4. 进场着陆系统

进场着陆是飞机航行的最后一个重要阶段。飞机沿下滑线从 30～50 千米处开始，一直降至跑道延长线上空 20～30 千米高度处，这一阶段称为进场；飞机在垂直平面内，由曲线飞行至触地，并沿跑道滑行至完全停止，这一阶段称为着陆。仪表着陆系统（ILS）是国际上广泛采用的标准无线电进场着陆系统；微波着陆系统（MLS）则是着陆系统的新发展，其主要优点是精度高，可满足Ⅲ类盲降（Ⅲ类盲降的天气标准指任何高度都不能有效地看到跑道，只能由驾驶员自行做出着陆的决定）着陆要求。

仪表着陆系统能在低天气标准或驾驶员看不到任何目视参考的天气情况下，引导飞机进近着陆，所以人们也把仪表着陆系统称为盲降系统。

此外，还有空中交通管制系统（ATC）和空中防撞系统，用以确保飞行安全和提高飞行效率。近年来由于计算机和通信卫星技术的迅速发展，空中交通管制系统由人工管制系统逐步向半自动化和自动化的空中交通管制系统发展。

（四）通信系统

通信系统是指完成通信过程的全部设备和传输媒介，其作用是实现飞机与飞机之间、飞机与地面（水面）之间信息的传输。机载通信系统主要由机载通信设备、机内通话设备、通信终端设备和数据传输引导设备等组成。其中，机载通信设备主要包括高频（HF）、甚高频（VHF）、超高频（UHF）通信设备，卫星通信设备及救生通信电台等。

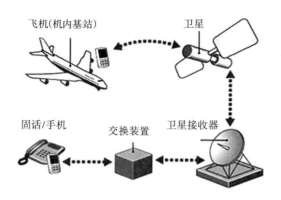

图 2—24　空中通信示意图

第三章　飞行基本原理

第一节　飞机的飞行环境

大气层包围着地球，并随地球旋转着，从地面以上，随着高度的增加，大气密度、压力、温度和声速也在不断变化。大气这些物理性质的变化，首先直接影响飞行器的空气动力性能，在 50~100 千米的高度上，空气升力就基本消失，而空气阻力的极限在 3200 千米以上。其次，气象是与大气运动直接相关的十分复杂的现象，在高度 32 千米以下与飞行有着密切的联系。再次，飞行器发动机的工作状况也受大气的影响，特别是空气密度随着高度的增加而减小，发动机功率会相应减小并产生其他方面的变化。最后，飞行高度愈高，周围环境与地面的差异也愈大，对人体的影响也愈大。为了保证飞行器中乘员的生命安全及正常的生存条件，有必要创造一个适合人体需要的舱内环境。基于上述原因，我们在研究空气动力学和飞行器时，要先对空气的基本性质和大气的状况有所了解。

一、空气的基本性质

空气是由不同成分的气体分子组成的。这些分子不停地、无规则地运动着，分子之间有着很大的自由距离。分子以不同的运动速度向不同方向运动，并且互相碰撞，它们的动能以热能和压力的形式表现出来。空气按体积计算，氮气约占 78%，氧气约占 21%，其余为二氧化碳、氢、氩、氖、氦等气体。

二、大气飞行环境

包围着地球的空气层叫作大气。根据不同气象条件和气温变化等特征，可以把大气分成若干层。如以气温变化为基础，则可将整个大气分为对流层、平流层（同温层）、中间层、电离层和散逸层等五层，如图3-1所示。

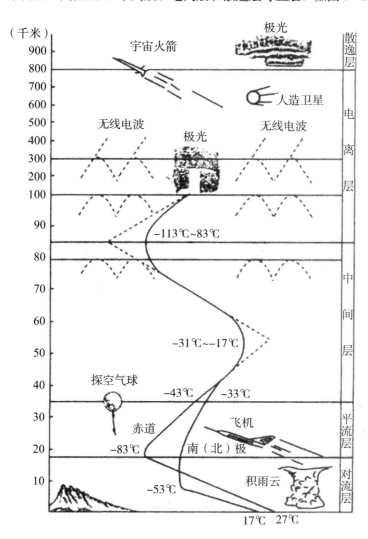

图3-1　大气分层示意图

（一）对流层

对流层是接近地球表面的一层，它的底界是地面，顶界则随纬度、季节等情况而变化。根据观测，就纬度而言，对流层顶的高度在赤道地区平均为17~18千米，在中纬度地区平均为10~12千米，在南、北极地区平均为8~9千米。例如在广州地区，对流层层顶平均高约16千米，而在东北地区则降低为10千米左右。就季节而言，对流层顶高夏季高于冬季。

对流层有以下特点。

1. 气温随高度增加而降低

在对流层中，空气受热的直接来源不是太阳，而是地面。太阳放射出的大部分能量被地面吸收，空气是被太阳晒热的地面而烤热的，所以越临近地面，空气温度就越高。

2. 风向、风速经常变化

由于太阳对地面照射情况不一，加之地形地貌不同，因而地面各地区空气气温和密度均不同，气压也不相等。即使同一地区，气温、气压也常会发生变化，使大气产生对流现象，形成风。因此风向、风速也会经常改变。

3. 空气上下对流激烈

地面各处的温度不同，受热多的空气因膨胀而上升，受热小的空气因冷却而下降，就形成空气上下对流。

4. 有云、雨、雾、雪等天气现象

海、江、河的水由于太阳照射而不断蒸发，使大气中常常聚集着各种形态的水蒸气，这就会产生雨、雪、雾和冰雹等气象现象。

对流层的上述特点会给飞行带来很大影响。例如，在高空飞行时，气温低容易引起飞机结冰；温度变化还会引起飞机各金属部件收缩，改变机件间隙，甚至影响飞机正常工作；上下对流空气会使飞机颠簸，既不便于操纵，又使飞机受力增大。

（二）平流层

平流层位于对流层顶的上面，其顶界距离地面35~40千米。由于这一层受地球表面影响较小，所以在一定范围内气温基本上保持不变，大约为−56.51℃，故又称同温层。平流层中几乎没有水蒸气，所以没有雪、雾、云等气象现象，且空气比较稀薄，风向稳定，空气主要是水平流动。

（三）中间层

中间层在平流层之上，顶端离地面80~100千米。其特点是随高度增加，气温先增加，然后降低，到55千米高度附近，气温由−43℃~−33℃升到−31℃~−17℃；随后，高度增加，气温又开始下降，降到−83℃以上。中间层有多个方向的风，且风速相当大，在60千米高度，风速可达140米/秒。

（四）电离层

电离层位于中间层以上，上界离地面约800千米，其特点是高度升高气温迅速上升，并且空气具有很大的导电性，故称电离层。由于温度较高，又称暖层。

（五）散逸层

这是大气的最外层，该层内常有一些气体向星际空间散逸，故称散逸层，据推算，散逸层离地球表面2000~3000千米。

在了解了大气层的构造以后，再归纳一下气温、气压和密度随高度变化的规律。在对流层内，随着高度的增加，气温随之降低；在平流层内，随着高度的增加，起初气温保持在−56.5℃，到20~30千米高度之后，气温升高很快，到了平流层顶，气温升至0℃~20℃，飞机的飞行活动大多在这个高度内。

三、国际标准大气

飞机的飞行性能与大气状态的主要参数——气温、气压和密度有密切关系。但是，这些参数随着地理位置、季节、每天的时刻、高度和气象条件的不同而变化着，因而，随着大气状态的改变，飞机的空气动力和飞行性能也要改变。为了比较飞机的飞行性能，就必须有统一的大气状态作为衡量的标准。在设计飞机、发动机和仪表时，要按标准大气的物理参数来计算性能；在试验和试飞时，也要把结果按标准大气进行换算，才能互相比较。因此，通过大量的测量数据，人们确定了一个大气的温度、密度、

压力、声速等的参数的平均铅垂分布。按照以上规定测算出来大气参数沿高度的变化。

四、飞行高度的确定

飞机的高度表是根据气压来确定高度的，因而就出现了以什么地方的气压确定高度的问题。实际上，在飞行的不同阶段，会采用不同的气压标准来确定高度。

（一）场压高度（QFE）

飞机在起飞和降落时，必须知道和机场之间的相对高度，以确保高度表指示出与机场地面及地面障碍物之间的垂直距离，这时以机场当地海拔高度的气压高度为0，这样在高度表上表示出来的高度就是机场上空的相对高度距离。各机场都有指定的位置，飞机在起飞前在这里根据当地的气压数据把高度表调0，对于降落的飞机则在下降一定高度时由塔台通报气压数据，驾驶员把高度表调至场压高度。

（二）海平面气压高度（QNH）

飞机在爬升和下降阶段都要知道它的真实海拔高度，以便通过航图确定和下面地形之间的高度间距，这时按照气象部门给出的海平面的气压数据作为高度的基准面，高度表上得出的是飞机的实际海拔高度，也叫绝对高度。想要得到飞机与下方地面之间的真实高度，就要用海平面气压高减去由航图上查到的这一位置的标高。

（三）标准气压高度（ISA）

以国际标准大气的基准面（15℃，760毫米汞柱气压）得到的高度称为标准气压高度，用于飞机的巡航阶段。这是为了使空中飞行的各航空器有统一的高度标准，从而避免因高度基准不同而导致的垂直间隔不够而出现事故。标准气压平面是人为拟定的平面，它的优点是不受大气环境变化的影响，从而避免了因各地气压不同而带来的高度表数据的偏差，保证了飞行安全。

从上面的各种高度可以看出，以气压做标准的各种高度不管在什么地方都是同时存在的，只要气压不变，它们的高度值也不变。但在不同的地区要使用不同基准的高度，因而驾驶员要在飞行过程中根据情况及航空管制的要求使用不同的气压高度。

五、大气与飞行安全

现今飞机本身的安全性已经大幅度提高，但是我们遇到的大气状态，如有些特殊的危险天气现象，仍然严重地威胁着今日高性能飞机的飞航安全，这更加突显出航空气象对飞机操作和飞航安全的重要性。而航空气象单位提供的观测和预报数据，就是旨在满足每个阶段的需求。

最直接影响飞机操作和飞行安全的航空气象因素，大致可归纳为风、云、能见度、温度、气压、空气密度、降水和其他显著天气危害（如飞机结冰、乱流、低空风切变、浓雾所引起的低能见度等等）。

（一）地面风

飞机举升力等于飞机总重量时，即表示在一定重量下，飞机正好由空气所支撑，这时飞机的临界速度是在失速状态下，飞机就在这种空速和失速状态下起飞和降落。飞行员和管制员依据地面风来选择跑道方向，同时飞行员也依据地面风来计算飞机起飞可承受的重量。如果有较强的顶风，浮力增加，起飞的速度就可减少，也就是起飞所需要的跑道比较短，载重量也比较多。反之，如果顶风较弱或静风时，载重减轻才能起飞。同机型的飞机，允许最大的跑道侧风也有不同，有时候超过跑道侧风最大限制时，飞机降落就会有危险。风速的变化可决定飞机起降阶段的稳定性，一般而言，重型飞机对于风的变化不易受影响，可在较大侧风下起飞，但是控制其变化的反应力较慢；轻型飞机对于风的变化较易受影响，但如果降落阶段碰到阵风，其反应力较快。

（二）高空风

高空风对飞行的影响主要体现为耗油和载量的调整。飞机在静风中飞行时，相对于空气呈直线向前移动，飞行员为从甲地飞往乙地，必须考虑风场。而低速飞机更需高空风向和高空风速等资料，其中风速在空速中占据很重要的部分。此外，在准备飞行计划时，计算油料需要风场数据。若逆风飞行，其所花费的时间比静风飞行时更长，即需要更多的油料，相应

地就要减少载重。例如，飞机在静风中以每小时 500 海里的速度飞行 3000 海里需要 6 小时，如果在 50kt 的顺风中飞行，仅需 5 小时 27 分，约可节省 10％的时间，与静风相比就可节省 10％的油料，因此就可增加载重。某些航空公司由亚太地区飞往美国西海岸的安克雷奇、圣弗朗西斯科和洛杉矶等国际机场的飞机，冬天常选择 200 百帕（hPa）等压面（约 11887.2 米，39000 英尺）以上的高度，以由西向东的强喷射气流（每小时 100～200 海里）顺风飞行，可节省不少飞行时间和油料。返航时，则选择较弱西风带飞行，避免逆风飞行费时费油。

（三）温度

飞机举升力与空气密度成正比，所以在高温下引擎效率低。空气密度与气温和气压有关，在一定气压下，气温比正常值高时，飞机起飞需要较快的速度，也意味着需要较长的跑道。在某些天气条件下，跑道长度不能满足飞机正常的载重量需要时，只好减少飞机的载重。高空温度低，飞机引擎效率高，如果高空温度比正常值高时，所需油料要更多些，才能维持正常的巡航动力。在准备飞行计划时，需要通过高空温度数据来决定所需油料。

（四）大气压力和空气密度

大气压力和温度两者可以决定空气密度，进而决定飞机举升力。在其他因素相同的条件下，空气密度降低，飞机需要更快的速度，才能保持一定的高度。速度越快，飞机拖曳力越大，所需引擎推进力亦越大，所耗油料亦越多。因此高速飞行的喷射飞机需要更多的油料。前述情形在高温下，当气压降低，密度减少时，需要较长的跑道以获取起飞的速度，在低压区，其影响更大。再如，机场海拔高度越高，其平均气压降低，平均密度亦减少，因此在设计机场时，高海拔机场需要较长的跑道，以满足起飞的需要。此外，空气密度减小，引擎动力亦会跟着减弱，影响飞机爬升之动力，如果密度减至某一定值时，就得减轻飞机的载重量，飞机才容易起飞和爬升。由于各地的大气条件会随时随不同高、低压系统之移动而变化，所以高度表在不同时间、不同地点和不同高度皆与标准大气有所不同。因此，飞机上的高度表读数必须经过适当拨定，才能显示出实际高度。飞机自甲地高压区飞进乙地低压区，若高度表不拨定为乙地的高度表拨定值时，则飞机上高度表所显示高度值比实际高度要高，此时飞机有撞山或重落地之危险。反之，飞机自乙地低压区飞进甲地高压区，若高度表不拨定为甲地的高度表拨定值时，则飞机上高度表所显示高度值比实际高度为低，飞机降落时就有落空之危险。如果有甲、乙两架飞机分别自甲地高压区和乙地低压区，采取仪器飞行规则对着飞，若两架在同一航路上的飞行员均未实时做高度拨定，虽然在各自高度表上所显示高度保持 300 米的垂直隔离，但其实际飞行高度正逐渐接近，最后可能在中途互撞。

（五）飞机结冰

飞机飞经冷却的云层或云雨区域时，机翼机尾及螺旋桨或其他部分常会积聚冰晶，多者可能厚至数寸。哪些区域最容易使飞机结冰呢？飞机在气温 0℃～9.4℃ 的高空飞行时机体上最容易结冰。云中最易见到液态水滴，尤其是积状云如积云、积雨云和层积云等，此时空中水滴常在冰点以下却不结冰，仍保持液态水的状态，就是所谓的过冷却水滴。空气中若湿度大，又含有过冷却水，容易构成升华作用，当飞机飞过，空气受扰动，过冷却水滴会立刻结冰覆着于机体上。有时虽然晴空无云，但是在结冰高度层上方，气温与露点温度十分接近时，结冰的可能仍然存在。

图 3-2　机身结冰酿成的惨剧

（六）乱流

飞机飞入对流性云区，例如积云、积雨云和层积云等，由于空气发生上、下对流垂直运动，使机身起伏不定，会使乘客感觉不舒适、晕机呕吐，甚至导致飞机结构损坏，造成飞机失事。现代飞机常通过装置雷达来避开对流性云区。然而有时飞机在万里无云的高空飞行，也会突感机身颠簸，这就是所谓的晴空乱流。通常晴空乱流发生在风向突然转变或风速突然增加或减少的地区，即所谓风切作用最大地区。冬天，在中、高纬度地区，高度9～12千米处有一股强风带，风速可达到每秒30米以上，最大风速甚至可达到每秒100～130米，这就是喷射气流。飞行员只要在起飞前，从航空气象人员提供的气象图表数据中预知喷射气流和乱流的位置和高度，便可回避乱流区域。必要时，飞行员还可改变飞行高度，使飞行较为平稳、安全。

（七）低空风切变

飞行员在飞机降落和爬升阶段须注意是否有风切变现象，风切变是指某高度和另一高度间风速的改变。由于飞机的高动量，大型飞机在高速飞行时不能立刻适应风切变的变化，因此在起降阶段遇到风切变就容易发生危险。飞机下降时，风速突然减弱，造成飞机失速，未抵达机场跑道就坠毁；风速突然增强，造成飞机超越跑道降落。飞机爬升时，风速突然减弱，造成飞机爬升角度减小；风速突然增强，造成飞机爬升角度增大。以上种种现象都会造成飞机操作上的困难，甚至造成空难事件。

（八）云、浓雾与低能见度

在任何天气条件下，飞行员在近场时必须看清跑道，因此在近场时需要各种近场助航设施来引导飞机降落。相比无线电助航设施（目视飞行规则），仪降近场（利用仪器降落系统）可以在云幕较低和能见度较差的天气条件降落。飞行员可以从近场和下降区的云状知道有无乱流和乱流强度，积雨云比层积云有更强的乱流，由积状云的云顶高度可以看出乱流程度。

浓雾会影响人类肉眼所能看到的距离，飞行员在低能见度情况下，起降时常看不清跑道。为了避免浓雾影响飞航安全，目前机场和飞机上都装有完善的仪器系统，由仪器来辅助飞机起降，同时由航空气象单位提供浓雾所引起的低能见度数据，若能见度低于起降天气标准，机场将关闭，等待浓雾消散，能见度转好，机场再度开放让飞机起降，确保飞行安全。

第二节　飞机起飞与降落的过程

飞机要完成一次飞行任务需经历起飞、爬升、巡航、下降和着陆五个阶段。

一、起飞阶段

飞机起飞时的直线加速运动是飞机功率最大和驾驶员操作最繁忙的时候，也是对飞行安全影响最大的阶段。飞机起飞分为两个阶段：首先飞机以最大功率在地面滑跑，由于起始阶段速度不大，方向舵不起作用，驾驶员控制着前轮方向，以保持飞机直线前进，当速度达到每小时 80 公里时，驾驶员用驾驶杆操纵飞机，但在达到决断速度 V_1 以前，驾驶员的手不离油门杆，以便在发生突发情况时中止起飞。超过 V_1 后，驾驶员必须继续执行起飞，因为这时的速度太大，一旦中断起飞，飞机就会冲出跑道造成事故。V_1 的数值根据飞机的大小和装置的不同而不同。当速度继续增加到一定数值时，机翼的升力和重量大致相等，驾驶员拉杆向后，飞机绕横轴转达，抬起机头，前轮离地，这个速度称为抬前轮速度。这时飞机开始升空，起飞的第一阶段滑跑完成，转入起飞的第二阶段，即加速爬升阶段。待飞机飞到规定的高度，起飞阶段结束，从启动到飞离 35 米高度的地面距离称为起飞距离。起飞距离越短越好。

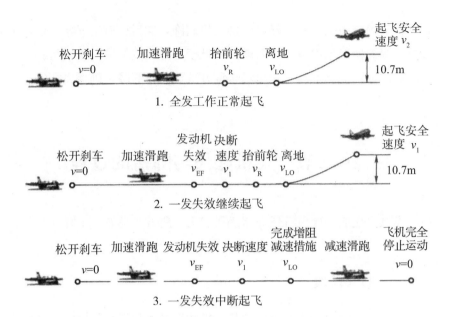

图3-3　飞机起飞的三种基本情况

二、爬升阶段

爬升有两种方式，一种是按固定的角度持续爬升达到预定高度。这样做的好处是节省时间，但发动机所需的功率大，燃料消耗大。另一种是阶段式爬升，即飞机升到一定高度后，应水平飞行以增加速度，然后再爬升到第二高度，经过几个阶段后爬升到预定高度，由于飞机的升力随速度升高而增加，同时燃油的消耗使飞机的重量不断减轻，因而这样的爬升最节约燃料。

三、巡航阶段

飞机达到预定高度后，保持水平等速飞行状态。这时如果没有天气变化的影响，驾驶员可以按照选定的速度和姿态稳定飞行，飞机几乎不需要操纵。

四、下降阶段

在降落前半小时或更短的飞行距离时，驾驶员开始逐渐降低高度到达机场的空域上空。

五、进近和着陆阶段

进近也叫进场，指飞机在机场上空由地面管制人员指挥对准跑道下降的阶段。这个阶段飞机需要按规则绕机场飞行后直接对准跑道减速，放下襟翼和起落架。当飞机下滑到离地面 7～8 米高度时，驾驶员要把机头拉起，到 1 米左右高度时使飞机拉平，飞机平行地面下降，一般称为平飘。飞机两个主轮平衡着地，飞机前轮仍然离地，以大仰角滑跑一段距离以增加阻力，然后前推驾驶杆使前轮着地，这时使用刹车和反推装置（喷气飞机）或反桨装置（螺旋桨飞机）使飞机尽快把速度减低，完成在跑道上的滑行，进入滑行道。

图 3-4　客机着陆

在整个飞行过程中，操作最复杂的是起飞和降落阶段，因而在飞机设计和驾驶员训练上，这两个阶段都是重点。

第三节　飞行的基本原理

一、飞机升力的产生

重达二三百吨的现代飞机之所以能在空中飞行，是因为有一股力量克服了它的重量将其托举在空中。当空气流动的时候就形成风，风作用在物体上就会产生力量。这个力可能很大，例如飓风可以连根拔起需数人合抱的大树，或在海洋上掀起滔天巨浪；又例如当你迎着不大的风骑自行车时会感到吃力。即使无风的时候，乘敞篷汽车奔驰，同样会感到有空气的力量作用于身上。由此可见，无论是空气流过静止的物体，或者是物体在静止的空气中运动，只要有相对运动，就会在物体上产生力，这个力就叫空气动力。

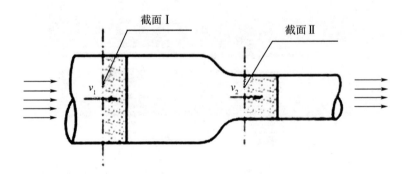

图3-5　流体连续原理——质量守恒

飞机靠机翼上产生的升力——空气动力的一部分，支持它在空中飞行。机翼上产生的升力是飞机和空气做相对运动时出现的一种现象。要弄清这个问题的实质，首先需要了解关于流动的两个基本规律"连续性定理"和"伯努利定理"。

（一）流体连续性定理

由日常生活中的经验可知，河水在河道窄的地方流得快，宽的地方流得慢。山谷里的风经常比开阔平原的风大。这些现象说明流体的流速快慢与过道的宽窄有关。窄的地方流得快，宽的地方流得慢。

我们做一个简单实验。在一个容器中充满流体，把进口和出口的开关同时打开，让流体从容器中经过剖面不等的管道流出来，并保持流体液面高度不变，这时流体的流动是稳定的。所谓稳定的流动就是流体流动时的物理特性，如速度、密度、压力等，不随时间而变化。按照"质量守恒法则"，单位时间内流入管道的流体质量，应等于流出管道的流体质量。也就是说，在单位时间内，流过管道任何一剖面的流体质量都是相等的。所以，当流体以稳定的流速在管道中流动时，在管道细的地方（剖面面积小）流得快些，在管道粗的地方（剖面面积大）流得慢些。也就是说，流体流速的快慢与管道剖面的大小成反比，这就是流体"连续性定理"。流体连续性定理是流体的很重要的基本规律之一，它是"质量守恒法则"的一种具体应用。

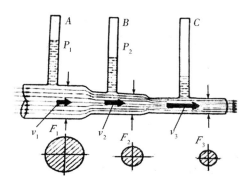

图3-6　容器和管道中流体的流动

（二）伯努利定理

要深入研究物体上空气动力的产生和变化的规律，仅仅根据连续性定理是不够的，还必须了解流体流动的另一个重要的基本规律——伯努利定理。

伯努利定理是瑞士物理学家丹尼尔·伯努利于1738年提出的。这一定理表述了流体在流动中的压力与流速之间的关系。

根据流线的性质，流体流动速度的快慢，可用流管中流线的疏密程度来

表示。流线密的地方表示流管细，流体流速快，反之就慢。

同连续性定理一样，伯努利定理的应用也是有条件的，它只适应于：①理想流体；②不可压缩流；③定常流动；④在所考虑的范围内，没有能量的交换；⑤在同一条流线上或同一根流管上。

连续性定理和伯努利定理是空气动力学的两个最基本的定理，它们说明了流管截面积、气流速度和压力这三者之间的关系。综合这两个定理，我们可以得出如下结论：低速定常流动的气体（不可压定常流动）流过的截面积大的地方，速度小，压强大；而流过截面积小的地方，流速大，压强小。这一结论是解释低速飞机机翼上空气动力产生的根据。

从日常生活中的一些事例，可以观察到当空气流速发生变化时，空气压力也会同时改变。例如向两张纸片中间吹气，两张纸不是彼此分开，而是互相靠拢（如图3-7所示），这说明两张纸中间的空气流程加快，压力降低。两张纸中间的空气压力小于纸片的大气压力，于是在压力差作用下，两纸片靠拢。又如，靠得很近并排行驶的两只船。按说，水在两船之间，好像插进一把楔子，应该把它们分开才是。然而实际上情况却恰恰相反，两船不但不分开，反而会自动靠拢而引起互撞的事故。航海史上就曾经发生过这种情况。两船之间的水的压力小（以负号"-"表示），而两船外侧水的压力大（以正号"+"表示），内外侧产生压强差，两只船才会被压得互相靠拢。同时，我们由连续性定理可以看出，由于两船之间船舷呈弧形，构成一个中间细两头粗的管道，所以水的流速必然比外侧流速大。由此可见：凡是流速大的地方，流体压强就小，流速小的地方，压强就大（如图3-8所示）。

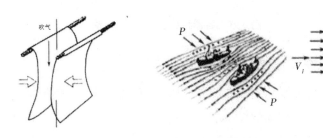

图3-7 吹纸实验　　　图3-8 两船并行自动靠拢

再看另一个例子，如图3-9所示。当大风吹过屋顶时，往往会把屋顶掀开，然而初看起来却好像是大风压在屋顶上，把它压得更紧。既然屋顶被掀开，那么这必然是由于屋顶下部的压力大而上部压力小，因压力差而形成强大的吸力 F，才会造成这种结果。再看空气流动的情况，可以看出屋顶大致呈弓背形，气流流过这里由于受到约束而收缩，速度增加（流线变密），即这里的速度 V 大于风速 V_1；而屋顶下面风一般吹不进去，呈静止状态，风速基本上等于零，显然小于风速 V_1。实际上屋内是大气压力。因此，也可以得出和上面相似的结论：流速大的地方，流体的压力就小；反之，就大。

图 3-9 大风吹过屋顶，将它掀开

气流中流速和压力的关系，还可用静压、动压和全压三者的关系来说明。

1. 静压（静压力）

空气作用于物体表面的压力是静压力，简称静压。在静止的空气中，其压力值等于当时当地的大气压力。

2. 动压（动压力）

蕴藏于流动的空气之中。当流动的空气受到物体阻挡时，流速（动能）降低，静压增大，动压转化为静压形式施加于物体表面。逆风前进时之所以会感到压力很大，就是这个原理。人们把空气在流速降到零时，静压所能增加的数量称为动压力。空气的动压力大小与其密度成正比，与气流速平方成正比。

3. 全压（或称总压力）

在流动的空气中，空气流过任何一点时所具有的静压与动压之和，称为空气在该点的全压。飞机飞行时，相对气流中的空气全压，就等于当时飞行高度上的大气压力加上飞机远前方的流动空气所具有的动压。

通过静压、动压和全压三者的关系，可以更确切地表达伯努利定理。即：

稳定气流中，在同一流管的各切面（或同一流线的各点）上，空气的静压与动压之和等于常量，即等于全压。由此可见，动压增大，则静压减小，动压减小，则静压增大。

综合上面对气流连续性定理和伯努利定理的叙述，可以总结出下面的结论：流管细的地方，流速大，压力小；反之，流管粗的地方，流速小，压力大。

借助这一结论，就可以初步说明机翼上产生升力的原因了。

二、机翼上的升力

为了简化问题，我们使用翼型代表机翼来研究它的升力。翼型就是把机翼沿平行机身纵轴方向切下的剖面，机翼的翼型是流线型的，上表面弯曲大，下表面弯曲小或是平面。

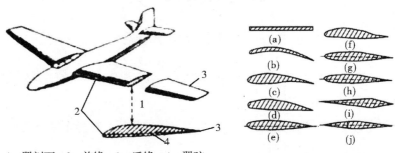

1. 翼剖面；2. 前缘；3. 后缘；4. 翼弦

图 3-10　翼剖面示意图　　　　图 3-11　不同机翼剖面形状

当飞机平飞时，流过机翼下面的气流行走的路线要比流过机翼上表面的气流行走的路线短，而它们在同一时间内流过机翼，因而机翼下面的气流流速慢。根据伯努利定理，机翼下的静压力大，而流经机翼上表面的气流路程长、流速快，因而压力小，于是在机翼上部产生大面积的低压区域，这个低压比周围的大气压力低，因而把机翼吸引向上；而下表面由于和气流平行，机翼平滑通过，它的压力和前方大气压力相差不大。这样，机翼上、下表面的压力差就产生了升力。机翼向前运动，空气必然会产生阻力，阻力和升力的合力形成了图 3-12 中的向上、向后的力，叫作空气动力。翼型的最前一点叫作前缘点，最后的点叫作后缘点。它们代表整个机翼的前缘和后缘，前缘点和后缘点的连线叫作翼弦。如果机翼抬起它的前缘，翼弦就和气流的方向形成一个角度，这个角度叫作迎角。迎角是翼弦和相对气流方向的夹角。翼弦向上形成正迎角，向下形成负迎角（如图3-13所示）。

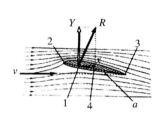

1. 压力中心；2. 前缘；3. 后缘；
4. 弦线；R—合力；X—附力；Y—升力；α—迎角

图3-12 机翼剖面与翼面气流

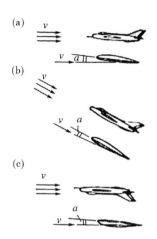

图3-13 气流方向和机翼迎角

我们看一下飞机有迎角时的升力情况：当有了向上的迎角后，气流流过上表面时被压缩，相当于管道变狭窄，速度增加，静压力进一步降低；而在下表面气流受到阻隔，流速变小，压力增高，这种情况与风筝获得升力的情况相似，因而随着迎角的增大，升力增大，同时阻力也在增大。但应注意迎角不能无限制地增大，因为若迎角太大，机翼就相当于在气流中竖起的平板，气体的流线不能连贯，在机翼上表面产生涡流，这时升力会突然降低，阻力继续增加，这种现象叫失速。失速对于任何飞机来说都是危险的，现代民航机都装有失速警告系统，防止飞机迎角过大，进入失速状态。

从以上分析我们可以看出，机翼的升力来自其与空气的相对运动，没有相对速度，就不会产生升力。由升力来克服阻力，这就构成了飞机的基本受力。

三、飞机上的作用力

飞机的主要作用力由两两成对的四个力组成，升力克服重力，推力克服阻力。飞机在运动时，它的机翼、机身和水平尾翼都产生升力，但机翼是升力的主要来源。升力在机身轴线上的合力点称为气动力中心。飞机上的升力是因机翼面的上下压强差而产生的，所以升力和翼面积成正比。从伯努利定理可以看出，机翼的上下压差和动压有直接关系，而动压＝$1/2$ pv^2，因而升力与 $1/2$ pv^2 成正比。同样，我们看到飞机的升力和仰角有关，也和翼型上下表面弯曲的情况有关。我们把这两个因素用系数 C_y 表示，这个系数用实验的方法求出，不同的仰角和不同的翼型有不同的值。它和升力成正比。这样就得到了升力公式：

$$Y = C_Y \cdot 1/2 \ pv^2S = 1/2 \ pv^2CyS$$

式中 P 为空气密度，S 为机翼面积，v 为飞机的空速。

从升力公式可以看出，飞机的速度越大，升力越大，因而速度高的飞机就不需要太大的机翼去获得升力，但它在低速飞行时需要用其他方法增加升力；空气的密度 p 对升力有直接影响，在大气环境中，空气的密度随着温度的增高和海拔高度的增加而变小，在这些情况下飞机升力减低。

物体在空气中运动必然会遇到空气的抵抗，这就是阻力。飞机阻力按形成的原因分为摩擦阻力、压差阻力、诱导阻力、干扰阻力和激波阻力。摩擦阻力是由飞机表面上空气的速度和外界空气速度不同，空气之间的黏滞摩擦而产生，与空气的密度和速度有直接关系。压差阻力是由飞机前方受到的动压和后方形成的低压的压力差造成，这个力的大小显然和动压 $1/2$ pv^2 成正比，也和物体的形状有关。如果飞机做成和流线相符合的形状，它的压差阻力就会减到最小，这种形状称为流线型。诱导阻力主要是在机翼上产生的，由升力诱发出来的，因而称为诱导阻力。翼面的上方压力小而下方压力大，空气自然要流向压力小的地方。在机翼的中间部分，这种流动不可能实现，而在翼尖部分下面的空气就会绕过机翼流向翼面，这样就在翼尖产生了气流旋涡，从而产生了诱导阻力。这个阻力同样与速度有关，在翼尖加装小翼和在翼面加装翼刀，都是降低诱导阻力的方法。干扰阻力是由飞机两个不同形状部分的结合引起气流干扰而产生的，在机翼和机身接合的部位，机身和尾翼接合的部位都会有干扰阻力产生，减小它的方法是把这些接合的部分尽量平滑地融合在一起，如加装整流罩或做成融合体等。由上面的分析可以看出，阻力和升力都是由飞机和空气的相对运动而产生的，都是空气动力的一部分，而且阻力和升力同时形成。

重力由飞机的质量大小决定，推力由发动机来提供。最理想的状态是推力尽可能大而重力尽可能小，而增大推力就需要使用大功率的发动机，这必然使重量增加，所以说飞机动力装置发展的历史就是发动机的推力增大而重量减轻的发展史。同样，对于升力和阻力，则希望升力增大，阻力减小。因为升力的增加必然带来阻力的增加，所以在飞机机体的发展史中，飞机的设计制造人员一直在为在得到足够的升力的情况下，尽可能地减少阻力而奋斗。现代民航飞机上采用了多种措施来提高升力和降低阻力。

第四节　飞机的平衡、稳定与操纵

一、飞机的平衡

在空中飞行的飞机和在地面运行的车辆不同，它必须涉及三个轴上的运动才能完成飞行任务。飞机的三个轴如图 3-14 所示，它们都通过飞机的重心。从机头到机尾的是纵轴，也叫横滚轴；通过重心和纵轴垂直伸向两翼的轴叫作横轴，也叫俯仰轴；与纵轴和横轴组成的平面垂直的轴叫立轴，也叫偏航轴。纵轴和横轴形成的平面称为横向平面，纵轴与垂直轴形成的平面叫纵向平面，是飞机的对称面。飞机绕纵轴的转动称为横滚，绕横轴的转动称为俯仰，绕立轴的转动称为偏航。飞机的各种合力为零时，飞机处于平衡状态，这时飞机在各个轴上都不转动，只做直线匀速运动。飞机在等速平飞时就处于平衡状态，这时重力和升力平衡，阻力和推力平衡；如果推力大于阻力，飞机就加速平飞；推力小于阻力，飞机就减速飞行。

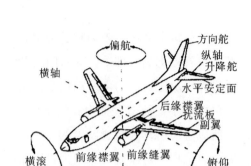

图 3-14　飞机上的三个轴

　　如果飞机做上升和下滑飞行（如图 3-15 所示），但速度和方向不变，这时重力会分解为两个力，与立轴平行的分力和升力平衡，与纵轴平行的力在上升飞行时与阻力相加，它们的合力与推力平衡；在下滑飞行时和推力相加，它们的合力与阻力平衡，这种速度与方向不变的飞行统称为稳定飞行。

图 3-15　上升和下滑飞行的作用

　　如果飞机上的作用力不平衡，飞机就要做加速或改变方向的运动。在垂直方向上的力不平衡，如升力大于重力时，由于飞机在前进，飞机将向上做圆周运动，升力和重力之差变为向心力；在重力大于升力时，做向下的圆周运动。如果飞机侧倾，这时飞机的升力不再垂直于地面，它的垂直分力和重力平衡，而水平分力则变为向心力，使飞机向倾斜的一侧转弯，这种转弯称为侧滑转弯，因而当利用副翼使飞机侧倾时，飞机就会转弯。如果飞机利用方向舵转弯，这时飞机不做倾斜，由方向舵偏转引起的侧向力形成力矩使飞机转弯。

二、飞机的稳定性

　　在飞行中的大部分时间内，飞机保持稳定的飞行，方向不变，速度均匀，当有外力干扰时，飞机能自动恢复原来的姿态，这种性能叫作飞机的稳定性。但要完成飞行任务，飞机还必须通过驾驶员的操纵改变飞行的姿态（高度、方向）以达到预定的航线。飞机对操纵的反应，称作飞机的操纵性。不难看出，稳定性好的飞机，操纵性能就要差一些；反过来，操纵性好的飞机要丧失一部分稳定性。因此设计师根据飞机使用的目的，在两者之间取得平衡，一般来说大型和民用飞机稳定性要求比较高，军用飞机则更多地考虑操纵性。

一个稳定的系统是指这个系统受到干扰时有能力回到原来的状态，稳定的状态必然平衡，而平衡的状态不一定稳定。在飞机飞行过程中，飞机在平飞时，如果短时间的气流干扰使它改变了飞行状态，当干扰过后，驾驶员不加操纵，飞机自己恢复了原来的飞行状态，就是稳定状态；如果干扰之后飞机不能恢复，而且继续偏离原来状态，这就是不稳定的；如果干扰之后，飞机在新状态下保持新的平衡，这就是随遇稳定。

（一）飞机的纵向稳定性

飞机绕横轴（俯仰）的稳定性，称为纵向稳定性。飞机的重力是通过重心的，而机翼上产生的升力的合力是作用在机身纵轴上的一点，对亚音速飞机来说，这一点在 1/4 弦线与纵轴的交点处，称为气动力中心，在飞机重心之后。如果没有其他力作用，飞机就会趋于低头，因而飞机的水平尾翼要产生一个向下的力来使飞机在纵向的力矩保持平衡，使飞机能水平飞行，所以水平尾翼在保持飞机的纵向稳定上有重要作用。如果飞机以一定的迎角水平直线飞行，一个干扰（阵风）使飞机抬头，迎角增大，干扰之后飞机的机头方向仍保持向上，这时水平尾翼的迎角也增大，从而使水平尾翼上的升力增加，抵消了原来水平尾翼上向下的力，机头在重力力矩的作用下回到原来的迎角，经过一段时间的摆动后，飞机回到原来状态，这时水平尾翼上的迎角也回到原来状态，增加的升力消失，飞机保持原来姿态飞行。如果干扰使机头向下，则水平尾翼的迎角减少，向下的力增加，使飞机抬头重新回到原来的位置。由此可以看出，飞机的纵向稳定性主要取决于飞机重力和气动中心的位置、水平尾翼的面积和它到气动中心的距离。

（二）飞机的偏航稳定性

也叫方向稳定性，是飞机绕立轴的稳定性。飞机的飞行方向和飞机纵轴的夹角称为偏航角，在稳定飞行时飞机的纵轴和飞行方向一致，偏航角为 0°。而当有阵风干扰时，飞机的纵轴偏离航向，这时产生了偏航角。偏航稳定性指飞机保持偏航稳定的能力，影响偏航稳定性的主要原因是垂直尾翼。飞机受到干扰，若机头向左出现了偏航角，但当干扰消失后，相对的气流就会吹到与航向偏斜的垂尾上，这样就产生一个向右的力，这个力产生恢复力矩，使飞机恢复到原来的航向。飞机的速度提高，航向稳定性减弱，因而有些高速大型飞机的垂直尾翼做得很大，有的做成双垂尾。

（三）飞机的横向稳定性

飞机绕纵轴的稳定性叫横向稳定性，也叫侧向稳定性。影响侧向稳定的主要原因是机翼的上反角、后掠角和垂尾。机翼与水平线形成的角度，向上的称上反角，向下的称下反角。就上反角的机翼而言，当干扰的作用是使飞机的左翼抬起，右翼下沉时，这时飞机的升力就不垂直于地面，它和重心不再平衡，而足形成一个合力，合力指向右下方，飞机就向这个方向运动，我们称之为侧滑。

三、飞机的操纵性

飞机的操纵性是指飞机在飞行员操纵升降舵、方向舵和副翼下改变其飞行状态的特性。操纵性的好坏与飞机稳定性的大小有密切关系，稳定性越大，也就是说飞机保持原有飞行状态的能力越强，则要改变它也就越不容易，操纵起来也就越费劲。操纵动作简单、省力，飞机反应快，操作性就好；反之亦然。飞机的操纵性同样包括俯仰操纵性、方向操纵性和横侧操纵性。

（一）飞机的俯仰操纵性

飞机的俯仰操纵性是飞行员操纵驾驶杆使升降舵偏转之后，飞机绕横轴转动而改变迎角等飞行状态的特性。在直线飞行中，飞行员向后拉驾驶杆，升降舵向上偏转一个角度，在水平尾翼上产生向下的附升力，对飞机重心形成俯仰操作力矩，迫使机头上仰，迎角增大。驾驶杆前后的每个位置对应着一个迎角或飞行速度。

　　飞行中，升降舵偏转角越大，气流动力越大，升降舵上的空气动力也越大，从而枢轴力矩也越大，所需杆力（飞行员操纵驾驶杆所施加的力）也越大。在模拟飞行中，如果使用微软的力回馈摇杆可以体验到这种力。

　　（二）飞机的方向操纵性

　　飞机的方向操纵性就是在飞行员操纵方向舵后，飞机绕立轴偏转而改变其侧滑角的飞行特性。与俯仰角相似，在直线飞行中，每一个脚蹬位置对应着一个侧滑角。蹬右舵，飞机产生左侧滑；蹬左舵，飞机产生右侧滑。方向舵偏转后，同样产生方向舵枢轴力矩，飞行员需要用力蹬舵才能保持方向舵偏转角不变。方向舵偏转角越大，气动动压越大，蹬舵力越大。

　　（三）飞机的横侧操纵性

　　飞机的横侧操纵性是指在飞行员操纵副翼后，飞机绕纵轴滚转而改变滚转角速度、坡度等飞行状态的特性。比如：飞行员向左压驾驶盘，右副翼下偏，右翼升力增大，左副翼上偏，左翼升力减小，两翼升力之差，形成横侧操纵力矩，使飞机向左加速滚转。在横侧操纵中，驾驶盘左右转动的每一个位置都对应着一个滚转角速度。驾驶盘左右转动的角度越大，滚转角速度越大。如果飞行员要想保持一定的坡度，就必须在接近预定坡度时将盘回到中立位置，消除横侧操纵力矩，在横侧阻转力矩的阻止下，使滚转角速度消失。有时，飞行员甚至可以向飞机滚转的反方向压一点驾驶盘，迅速制止飞机滚转，使飞机准确地达到预定飞行坡度。

　　飞机的操纵性不是一成不变的，它要受到许多因素的制约。影响飞机操纵性的因素有飞机重心位置的前后移动、飞行的速度、飞行高度、迎角等。飞行中由于燃料的消耗、速度的改变、乘客走动以及侧风等原因，驾驶员需要长时间操作驾驶杆和脚蹬，以保持飞机的稳定飞行。长期的操纵会使驾驶员疲劳，精力分散，造成安全隐患。因而飞机上有一系列的辅助操作系统，如襟翼、扰流片、调整片等，在特定的飞行状态下辅助主操纵系统对飞机进行更为有效的操纵。

第四章　空中交通管制

第一节　空中交通管理概述

一、空中交通管理的任务

随着航空活动的快速增长，特别是商业飞行的开展，航空运输涉及的范越来越广。随着空域中飞机数量和飞行次数的不断增加，为了实现安全和高效飞行，要求飞行活动能按照一定的规则来组织进行，这就是空中交通管理（Air Traffic Management，ATM）。

空中交通管理的任务是有效地维护和促进空中交通安全，维护空中交通秩序，保障空中交通畅通。空中交通管理的内容主要包括空中交通管制（Air Traffic Control，ATC）、空中交通流量管理（Air Traffic Flow Management，ATFM）和空域管理（Air Space Management，ASM）。

空中交通管制是空中交通管理的主要部分，包括空中交通管制服务（Air Traffic Service，ATS）、飞行情报服务（Flight Information Service，FIS）和告警服务（Alarm Service，AS）。空中交通管制服务的任务是防止航空器与航空器相撞及在机动区内航空器与障碍物相撞，维护和加快空中交通的有序流动。飞行情报服务的任务是向飞行中的航空器提供有助于安全和有效实施飞行的建议和情报。告警服务的任务是向有关组织发出需要搜寻援救航空器的通知，并根据需要协助该组织或协调该项工作的进行。

空中交通流量管理的任务是在空中交通流量接近或达到空中交通管制可用能力时，适时地进行调整，保证空中交通量最佳地流入或通过相应区域，尽可能提高机场、空域可用容量的利用率。

空域管理的任务是依据既定空域结构条件，实现对空域的充分利用，尽可能满足经营人对空域的需求。

组织与实施民用航空空中交通管理工作，应当贯彻"保证安全第一，改善服务工作，争取飞行正常"的方针，严密组织，严格管理，严守规章制度。

二、空中交通管理机构

空中交通管制由空中交通管制单位实施。中国民用航空总局空中交通管理局根据国家的规定负责全国民用航空空中交通管理的组织实施，包括空中交通管制、通信导航监视、航行情报和气象服务等。

空中交通管制单位主要包括：塔台空中交通管制室（简称塔台管制室），空中交通服务报告室，进近管制室（终端管制室），区域管制室（区域管制中心）等。

塔台管制室负责对本塔台管辖范围内航空器的开车、滑行、起飞、着陆和与其有关的机动飞行的管制工作。在没有机场自动情报服务的塔台管制室，还应提供航空器起飞、着陆条件等情报服务。

空中交通服务报告室负责审查航空器的飞行预报及飞行计划，向有关管制室和飞行保障单位通报飞行预报和动态。

进近管制室负责一个或数个机场的航空器进、离场的管制工作。

区域管制室负责向本管制区内受管制的航空器提供空中交通管制服务；受理本管制区内执行通用航空任务的航空器以及在非民用机场起降而航线由民航保障的航空器的飞行申请，负责管制并向有关单位通报飞行预报和动态。

空中交通管制工作由空中交通管制员实施，空中交通管制员实行执照管理制度，执照是执行任务的资格证书，从事空中交通管制工作的人员应当接受养成训练和岗位训练，通过相应的考试取得执照，执照由民航总局

颁发。

空中交通管制员必须掌握气象学、领航学、飞行原理、飞机性能、发动机构造及航空器适航性管理、通信、导航及雷达设备、运输管理学、计算机等方面的知识。

三、飞行间隔标准

空中交通管制的主要任务之一是防止航空器在空中相撞。当空中同一区域航空器很多时，要防止航空器相互的危险接近和相撞，就必须保证任何两个航空器之间有足够的距离。由于航空器的航向不同、速度不同、高度不同，因此必须对航空器在空中的相互距离有一套国际通用的规定，这些规定的距离（时间）称为间隔标准。间隔标准是指航空器之间在纵向、横向和垂直方向必须隔开的最小距离，这是最低限度的要求，因此全称应是最低间隔标准。间隔标准分为两类：垂直间隔和水平间隔。

（一）垂直间隔

垂直间隔用高度层区分，称为高度层间隔。

依据民用航空空中交通管理规则，在同一航线有数架航空器同时航行并且互有影响时，通常应当把每架航空器分别配备在不同的高度层内。当无法配备在不同的巡航高度时，可以允许数架航空器在同一航线、同一高度层内飞行，但是各架航空器之间应当保持规定的纵向间隔。航空器进行航路和航线飞行时，应当按照所配备的巡航飞行高度层飞行。

1. 真航线角在 0 度至 179 度范围内

真航线角在 0 度至 179 度范围内的，巡航高度层按照下列方法划分。

（1）高度由 900 米至 5700 米，每隔 600 米为一个高度层。

（2）高度在 6600 米至 11400 米，每隔 1200 米为一个高度层。

（3）高度在 12000 米以上，每隔 2000 米为一个高度层。

2. 真航线角在 180 度至 359 度范围内

真航线在 180 度至 359 度范围内的，巡航高度层按照下列方法划分。

（1）高度由 600 米至 6000 米，每隔 600 米为一个高度层。

（2）高度在 7200 米至 12000 米，每隔 1200 米为一个高度层。

（3）高度在 12000 米以上，每隔 2000 米为一个高度层。

仪表飞行航空器最低垂直间隔标准规定、航空器与地面障碍物之间的最低垂直间隔：航路、航线飞行或者转场飞行的安全高度，在高原和山区应当高出航路中心线、航线两侧各 25 千米以内最高标高 600 米；在其他地区应当高出航路中心线、航线两侧各 25 千米以内最高标高 400 米。

航空器上一般装有气压高度表和无线电高度表，其中无线电高度表用于确定航空器距地平面的实际高度，气压高度表用于确定航空器距海平面的高度。

（二）水平间隔

包括纵向间隔和侧向间隔。

纵向间隔的大小和使用的导航系统的精度有关。依据《民用航空空中交通管理规则》使用测距台时，航空器之间的最低纵向间隔标准应当符合如下规定。

（1）在同一巡航高度层的航空器同航迹飞行，同时使用航路上的同一测距台测距时，航空器间最低间隔标准为 60 千米；前机真空速大于后机 40 千米/小时，航空器间最低间隔标准为 40 千米。

（2）同一巡航高度层的航空器在交叉航迹上飞行，同时使用位于航迹交叉点的测距台测距时，航空器间最低间隔标准为 60 千米；前机真空速大于后机 40 千米/小时，航空器间最低间隔标准为 40 千米。

（3）航空器同时使用航路上的同一测距台测距，并且用同一时间的测距台读数建立间隔，当无垂直间隔时，其中一架航空器保持其高度层，另一架航空器在同航迹上升或者下降，改变高度穿越被占用的高度层时，航空器之间的距离间隔不少于 40 千米。

（4）逆向飞行的航空器同时使用航路上的同一测距台，经测距台定位，证实两架航空器确已相遇且相距 20 千米以上，可以允许航空器上升、下降至或穿越另一航空器占用的高度。

（5）在航空器不使用同一种导航系统的情况下，它们的间隔由空管当局根据不同导航系统的精度，按照避免航线重叠的原则来做出相应的规定。

由于航空器的飞行速度不同，因而纵向间隔要和飞行速度、航空器通过某一点的先后联系起来。纵向间隔可以用时间来间隔，也可以用距离来

间隔。依据民用航空空中交通管理规则，仪表飞行航空器的最低侧向间隔标准应当符合如下规定。

（1）航空器穿越航路，应当经管制员同意。管制员应当将允许穿越的条件（航段、时间、高度）和飞行情报通知有关航空器；在穿越航路中心线时，保持与该高度上其他航空器不少于如下的时间间隔。

①穿越处无导航设备时，为 15 分钟。

②按照有关规定，穿越处有导航设备且工作正常时，已飞越导航设备的航空器为 10 分钟，未飞越导航设备的航空器为 15 分钟。

（2）航空器使用导航设备汇集或者分散飞行（使用全向信标台，航空器之间航迹夹角不小于 15 度；使用无方向信标台，航空器航迹夹角不小于 30 度），相互穿越或者占用同一高度时，距离导航设备的距离间隔规定如下。

①汇集飞行时，距离导航设备应当不小于 100 千米。

②分散飞行时，距离导航设备不小于 50 千米。

（3）对于速度 450 千米/小时以下的航空器，航迹夹角小于 90 度时，过台后飞行时间不少于 5 分钟；或者在航迹夹角不小于 90 度时，过台后飞行时间不少于 3 分钟。

航空器可以在不同的规定航路（航线）上顺向或逆向飞，互不交叉穿越，但这些航路（航线）的宽度和保护空域不得互相重叠。航空器可以在不同的定位点上空等待飞行，但这些等待航线空域和保护空域不得互相重叠。

第二节　空中交通管制服务

空中交通管制系统，按照管制范围的不同可分为三部分，即机场管制、进近管制和区域（航路）管制；按照管制手段的不同，又可分为程序管制和雷达管制。

一、机场管制

机场管制服务（Aerodrome Control Service）是为机场机动区内的一切交通及在机场附近所有已进入、正在进入和脱离起落航线的航空器的飞行提供的空中交通管制服务。

机场管制服务由机场管制塔台提供，因此管制员也称为塔台管制员。他们在塔台的高层，一般靠目视来管理飞机在机场上空和地面的运行。在大型的飞行架次较多的机场（如广州白云国际机场）装有机场地面监视雷达，通过地面监视雷达的使用，管制员的工作质量和效率有很大的提高。

机场管制服务的范围包括：①航空器在机场交通管制区的空中飞行；②航空器的起飞和降落；③航空器在机坪上的运动；④防止飞机在运动中与地面车辆和地面障碍物碰撞。

这些任务显然可以被分成两类，前两项是空中的，后两项是地面的。因而较大的机场塔台往往把任务分为两部分，分别由机场地面交通管制员和空中管制员负责。但在不太繁忙的机场，通常只有一个塔台管制员负责整个机场从空中到地面的全部航空器的运动。

机场地面交通管制员负责控制在跑道之外的机场地面上，包括滑行道、机坪上的所有航空器的运动。在繁忙机场的机坪上可能同时有几架飞机在运动，此外还有各种车辆、行人的移动。地面交通管制员负责给出飞机的发动机启动许可、进入滑行道许可；对于到达的飞机，当飞机滑出跑道进入滑行道后，由地面管制员安排飞机运行至机坪或候机楼。

机场空中交通管制员负责飞机进入跑道后的运动和在机场控制的起落航线上按目视飞行规则飞行的交通管制。他的任务是给出起飞或着陆的许可和引导在起落航线上飞行的起飞或着陆的飞机。他要安排飞机的起降顺序，安排合理的飞机放行间隔，以保证飞行安全。在一条跑道既用于起飞又用于着陆的情况下，机场空中交通管制员还要很好地安排起飞和着陆飞机之间的时间档次。

为了及时、正确地为航空器提供空中交通管制服务，塔台管制员应当了解跑道、滑行道的道面情况并掌握跑道、滑行道上航空器、车辆、行人活动情况及其附近的施工情况。塔台管制室管制员选择使用跑道时，除考

虑机型和地面风向风速外，还应当考虑机场进离场程序、起落航线、跑道布局、跑道长度、宽度、坡度、净空条件以及着陆地带的导航设备。

为了调配间隔，起飞方向上的空域被占用时，塔台管制室管制员可以指示将要起飞或在地面滑行的航空器在跑道或跑道外等待，并将理由通知相关航空器。

二、进近管制

进近管制服务（Approach Control Service）是对进场或离场受管制的飞行提供空中交通管制服务。

进近管制是塔台管制和航路管制的中间环节，是保证飞行安全的重要部分，因此进近管制必须做好与航路管制的衔接，进近管制室一般设在塔台下部，便于和塔台管制进行协调。

进场管制中，应当及时交换进场航空器的管制情报，区域管制室应当将进场航空器的有关情报，在该航空器预计飞越管制移交点前 10 分钟通知进近管制室，其中包括：航空器呼号、航空器机型、进近管制移交点及预计飞越时间、预定高度、管制业务移交等。

离场管制中，塔台管制室根据批准的飞行计划和机场、航路情况以及有关空中交通管制单位的情报，对离场航空器发出放行许可。放行许可包括：航空器呼号、管制许可的界限（定位点或目的地）、批准的离场程序、飞行航路（航线）、飞行高度、应答机编码及其他必要的内容。

为保证飞行安全，航空器在进场或离场过程中必须保持规定的高度差和一定的间隔标准。依据民用航空空中交通管理规则，在塔台和进近管制区空域内，仪表飞行航空器之间的最低纵向间隔标准应当符合如下规定。

（1）顺向飞行且符合下列条件的航空器，其最低间隔为 5 分钟。

（2）逆向飞行时必须保持规定的高度差，只有证实航空器已彼此飞越后，方可准许相互占用或穿越高度层。

（3）无空中走廊时，在同巡航高度仪表飞行进入塔台管制区空域的航空器，不论航向如何，其到达导航设备上空的时间间隔不得少于 10 分钟。进近管制区空域内，仪表飞行航空器离场放行的最低间隔标准为：同航迹间巡航高度飞行的，为 10 分钟间隔；跨海洋飞行时，为 20 分钟间隔；同航迹不同巡航高度飞行的，为 5 分钟间隔。

为提高管制服务的质量和效率，执行不同任务的航空器或者不同机型的航空器同时飞行时，应当根据具体情况妥善安排优先起飞的顺序。通常情况下，应当允许执行紧急或者重要任务的航空器、定期航班、转场飞行或速度大的航空器优先起飞。

当进近着陆的飞机较多，而又大约在同一时间到达时，为了保持飞机的间隔，必须由管制员"制造"出间隔以保证飞机的顺序降落。这要依靠等待航线来实现，飞机在等待航线上飞行，以便按照管制员的安排顺序着陆。等待航线在机场控制区的保留空域内，在地面设有无线电信标，飞机围绕信标在它上面分层盘旋飞行，每层之间的高度间隔为 300 米。飞机从航线下降，只要前方空域不够，就要进入等待航线，但管制员应本着在保证安全的前提下尽量缩短等待飞行时间的要求来安排飞机的进近着陆。

三、区域（航路）管制

区域管制服务（Area Control Service），也称航路管制，是指对管制区内受管制的飞行提供空中交通管制服务。

区域管制工作由区域管制室承担，航空器在航路上的飞行由区域管制中心提供空中交通管制服务，每一个区域管制中心负责一定区域上空的航路、航线网的空中交通的管理。区域管制所提供的服务主要是针对在6000 米以上的大范围内运行的航空器。这些航空器绝大多数是喷气式飞机。在繁忙的空域，区域管制中心把空域分成几个扇面，每个扇面只负责特定部分空域或特定的几条航路上的管制。区域管制员依靠空地通信和远程雷达设备来确定飞机的位置，按照规定的程序调度飞机活动，保持飞行的间隔和顺序。我国划分了 21 个高空管制区，并按照行政大区建设了 10个大的高空管制中心，每个管制中心负责在整个区域内的空中交通管制。如在华北大区建立北京区域管制中心，负责整个华北上空的管制服务；在华南大区建立广州区域管制中心，负责整个华南上空的管制服务。

区域管制员根据飞机的飞行计划，批准飞机在其管区内的飞行，保证飞行间隔，然后把飞机移交到相邻区域管制中心，或把到达目的地的飞机移交给进近管制。全航路或部分航路中的各空中交通管制单位之间应当进

行协调，以便向航空器发出自起飞地点到预定着陆地点的全航路放行许可。因资料或协调原因不能全航路放行而只能放行到某一点时，管制员应当通知航空器驾驶员。未经双方管制区协调，不得放行航空器进入另一管制区。

各管制室之间进行管制移交时，移交单位应当在航空器飞越管制移交点前10分钟（短程航线为5分钟）与接收单位进行管制移交。管制移交的内容应当包括：航空器呼号、航空器机型、飞行高度、速度、移交点、预计飞越移交点的时间及管制业务必需的其他情报。管制移交应当通过直通管制电话进行；没有直通管制电话的管制室之间，通过对空话台、调度电话、业务电话、电报进行。已经接受管制移交的航空器，在预计进入管制空域边界的时间后仍未建立联系的，值班管制员应当立即询问有关管制室，同时采取措施联络航空器。区域管制室和进近管制室应当于航空器起飞前或进入本责任区前30分钟，发出允许进入本责任区的航路放行许可，并通过有关空中交通管制单位通知航空器驾驶员。航路放行许可的内容包括：航空器呼号或识别标志、管制许可的界限（定位点或目的地等）、放行航路（航线）、全航路或其中一部分的飞行高度层和需要时高度层的改变、其他必要的指示和资料。

区域管制室和进近管制室应当随时了解本责任区内的天气情况和飞行活动情况，确切掌握航空器的飞行条件和飞行位置；正确配备管制间隔，合理调配飞行冲突；妥善安排航空器等待时间，及时调控航空器飞行航线，加速维持有秩序的空中交通流动。航空器在预计飞越报告点3分钟后仍未报告的，值班管制员应当立即查问情况并设法取得位置报告。

四、程序管制

在雷达引入空中交通管制之前，管制主要是使用无线电通信按照规定的程序来完成的，因此称为程序管制。在雷达引入后，管制员的感知能力和范围都有了提高，在间隔距离和情报的传递上有了很大的改进，但在基本程序上并没有太大的变化，因而我们说程序管制是整个空中交通的基础。

在具体组织飞行时，程序管制员的基本信息和手段来自飞行计划和飞行进程单。

（一）飞行计划

飞行计划是由航空器使用者在飞行前向空中交通服务单位提供的关于航空器一次预定飞行或部分飞行的规定资料。空中交通管制服务单位根据批准的计划为航空器提供管制、情报等服务。另外，在航空器发生事故时，飞行计划是搜索和救援的基本依据。飞行计划的内容包括飞行任务性质、航空器呼号、航班号、航空器型别、特殊设备、真空速或马赫数、起飞机场、预计起飞时间、巡航高度层、飞行航线、目的地机场、预计飞行时间、航空器国籍和登记标志、航空器携油量、备降机场等。

飞行计划一般需要提前一天交给起飞机场的空中交通管制部门，紧急情况下可在起飞前1小时交付。空中交通管制部门在考虑了空中交通的总体情况并计划进行审核后，批准计划或与提交的人员协商做出修改后批准。在飞机起飞后，飞行计划由始发机场通过航空电信网发至各飞行情报中心、相关的区域管制中心和目的地机场的管制单位。飞机在飞行中由于天气或事故等原因改变飞行计划时，应立即通知空管单位。飞机到达目的地机场后，要立即向空管当局做出到达报告，至此这次飞行计划随之结束。

（二）飞行进程单

飞行进程单（Flight Progress Strip）是用来实行和记录程序管制过程的。一架航空器进入管制区域前，空中交通管制单位应当填写好记录有该航空器信息的飞行进程单。在这架航空器的飞行过程中，管制员应当把通过各种渠道收到的该航空器动态、管制指令及有关内容及时、准确地记入相应的飞行进程单。飞行进程单的形式见表4-1。

表4-1 飞机进程单样本

CES732 A1073 B737C/M W/Z	LX 0736		ZSWZ 0743 ZGGG

飞行进程单的内容主要包括下列各项：飞机的识别号、进程单的编

号、飞机的型号、计算机识别号（只用于自动打印的进程单）、应答机编号、建议离场时间、申请高度、飞离的机场、航路及目的地机场和飞行中的各项实际数据，如离场的实际时间、离场的跑道号等。

在程序控制中接受飞行进程单是始发机场的一项主要工作，塔台管制员根据进程单给出飞行许可，然后按实际飞行情况填写进程单，再由自动终端情报服务系统把这些情报发送出去。区域管制中心根据飞行计划和驾驶员报告的位置及有关信息填写自己的飞行进程单，若发现间隔过小，应采取措施调配间隔。每个飞行班次都有一个飞行进程单，当飞机到达、离去时填写并转发出去，管制单位根据飞机到达的前后和飞行的路线，把它们排列起来，然后逐架给出许可，从而保证间隔和起降顺序。

五、雷达管制

（一）一般规则

雷达管制（Radar Control）是直接使用雷达信息来提供空中交通管制服务的一种空中交通管制形式。雷达管制的使用应当限制在雷达覆盖范围内，并符合空中交通管制单位规定的区域。提供雷达管制服务的单位应当在航行情报资料中发布有关运行方法的资料及影响空中交通管制实施的有关设备要求。

在雷达管制中，雷达管制业务由经过空中交通管制专业训练，取得执照的雷达管制员承担。雷达管制员直接使用雷达信息来提供空中交通管制服务，在提供给空中交通管制单位使用的雷达上，视频地图包含的内容有：机场、跑道中心线延长线和最后进近航道、紧急着陆区、导航台和报告点、航路中心线或航路两侧边线、区域边界、移交点、影响航空器安全运行的障碍物、影响航空器安全运行的永久地物、地图校准指示器和距离圈、最低引导高度、禁区及必要的限制区等。

一次监视雷达和二次监视雷达用于空中交通管制时，可单独使用或结合使用。一次监视雷达应当在二次监视雷达不能达到空中交通管制要求时使用。二次监视雷达系统，特别是具有单脉冲技术及S模式和数据链能力的系统，可作为主要雷达监视系统单独使用。接受雷达服务的航空器的架数不得超过在繁忙情况下能安全处理的架数。其限制因素主要有：有关管制区或扇区的结构所造成的复杂的局面，所使用的雷达功能、技术可靠性及可用性所能达到的程度，对雷达管制员的工作量及扇区接受能力的评估等。

（二）雷达识别

雷达识别是将某一特定的雷达目标或雷达位置符号与某特定航空器相关联的过程。在向航空器提供雷达管制服务前，雷达管制员应当对航空器进行识别确认，并保持该识别直至雷达管制服务终止。失去识别的，应当立即通知相关航空器，并重新识别或终止雷达服务。首次建立对航空器的雷达识别或暂时失去目标后重新建立对航空器的识别的，应当向航空器通报其已被识别。

当观察到两个或多个雷达位置指示符相近，或观察到指示符在同时做相似的移动以及遇到其他引起对目标怀疑的情况时，雷达管制员应当采用两种以上识别方法进行识别，直至确认为止，也可终止雷达服务。

（三）雷达管制移交

雷达管制移交应当建立在雷达识别的基础上或者按照双方的具体协议进行，使接受方能够在与航空器建立无线电联系时立即完成识别。雷达管制移交时，被移交航空器的间隔应当符合接受方所认可的最低间隔，同时移交方还应当将指定给航空器的高度及有关引导指令通知接受方。在管制单位内部或者相互间进行的雷达识别的移交，应当在雷达有效监视范围内进行，如技术上无法实施，则应当在管制移交协议中说明，或者按规定提前进行管制移交。

实施移交时，移交方应当遵守下列规定。

（1）在航空器进入接受方所辖区域前完成雷达管制移交。

（2）除非另有规定，在改变已被移交的航空器的航行诸元或标牌数据前应当得到接受方的同意。

（3）与航空器脱离联络前应当保证本区域内潜在的飞行冲突和不利影响已得到正确处理，必要的协调已完成，保证间隔的有关飞行限制已通知接受方。

（4）除非另有协调，应当按照接受方的限制实施移交。

（5）在雷达识别的转换被接受后及时与航空器脱离联络。

（6）除非在协议和指令中已经包括，否则应当将标牌或进程单上没有的指定航向、空速限制、发出的高度信息、观察到的航迹和上一航段飞行情况、不同于正常使用的或预先协调的应答机编码等信息通知接受方。

（7）保持标牌与相应的目标相关。

（8）在管制员给定的超出导航设备作用距离之外飞行的航空器，应当通知接受方对其进行雷达监控。

（9）管制移交前，为保证被移交航空器与本区域其他航空器的间隔，应当向接受方发出必要的飞行限制。

（10）接受方口头证实或自动移交时，如果航空器已被接受方识别，则可认为已经完成移交。

实施移交时，接受方应当遵守下列规定。

（1）在接受移交前，确定目标的位置与移交方移交的位置一致，或者目标有正确的自动相关标牌显示。

（2）接受移交前，应当发出安全飞行所必要的飞行限制。

（3）除非另行协调，否则应当遵循先前给定的飞行限制。

（4）除非另有规定，否则在直接向其他管制区的航空器发出改变航向、速度、航线和编码指令前，应当提前与航空器所在区域管制室或者与航空器将要通过的管制区进行协调。

（5）接受移交后应当采用要求航空器驾驶员进行位置报告的方法证实一次雷达目标，并通过使用二次雷达应答机特别位置识别功能协助证实二次雷达目标，但在移交过程中已采用过这些方法的，则可不必重复。

（四）雷达管制最低间隔

雷达管制最低间隔（简称雷达间隔）适用于所有被雷达识别的航空器之间，或一架正在起飞并在跑道端 2 千米内将被识别的航空器与另一架被识别的航空器之间。等待航线上的航空器之间不得使用雷达间隔。

雷达间隔最低标准如下。

（1）进近管制不得小于 6 千米，区域管制不得小于 10 千米。

（2）在相邻管制区使用雷达间隔时，雷达管制的航空器与管制区边界线之间的间隔在未经协调前，进近管制不得小于 3 千米，区域管制不得小于 5 千米。

（3）在相邻管制区使用非雷达间隔时，雷达管制的航空器与管制区边界线之间的间隔在未经协调前，进近管制不得小于 6 千米，区域管制不得小于 10 千米。

（五）雷达引导

雷达引导是在使用雷达的基础上，以特定的形式向航空器提供航行引导。雷达管制员应当通过指定航空器的应飞航向实施雷达引导。实施雷达引导时应当引导航空器尽可能沿便于航空器驾驶员利用地面设备检查机身位置及恢复自主领航的路线飞行，避开已知危险天气。

离场航空器的引导，应当尽可能按标准离场航线和规定高度进行。在航空器起飞前，应当指定应飞的起始航向。在航空器起飞后，立即实施雷达引导。引导按仪表飞行规则飞行的航空器偏离标准离场航线时，管制员应当确保航空器在飞越地面障碍物时有不低于 300 米的超越障碍的余度。

进场航空器的引导，应利用雷达引导航空器迅速由航路阶段过渡到可进入最后仪表进近、目视进近或雷达进近的某点，引导航空器进行起始进近和中间进近，还可向航空器提供监视雷达进近和精密雷达进近。引导航空器切入最后进近时，应确保切入点距外指点标或最后进近定位点不少于 4 千米；除非气象条件适于做目视进近，且航空器驾驶员有要求时，否则航空器高度不得低于精密进近的下滑道或公布的非精密进近程序的下降高度；引导航空器穿越最后进近航道时，管制员应当在穿越前通知航空器驾驶员并说明理由。

六、空中交通管制的移交

空管单位的责任十分明确，与飞行安全关系重大。在一个空域一次受管制的飞行只能由一个管制单位来管制，换句话说，一个空中交通管制单位必须为在它管制之内的空域中的所有航空器的安全负责。因此，一架航空器从一个管制区进入另一个管制区的移交必须十分明确和严格，以防止因程序混乱和责任不清而出现重大事故。移交的规则主要有下面几种情况：两个区域管制的移交、进近管制和区域管制的移交、塔台管制室和进近管制或区域管制的移交。

管制协调和移交应当遵守下列规定。

（1）塔台管制室，应当及时将离场航空器的起飞时间通知进近管制室或区域管制室。

（2）进近管制室和区域管制室对离场航空器实施流量控制，有其他调配的，应当尽早通知塔台管制室，安排离场航空器在地面或空中等待。

（3）航空器飞离塔台管制室责任区时，塔台管制室应当与进近管制室或区域管制室按规定进行移交。

七、空中交通通话及其使用的语言、时间

依据民用航空空中交通管理规则，区域管制室、进近管制室、塔台管制室管制员在值勤时应当佩戴耳机，并保持不间断地收听；航空器在飞行的全过程中，航空器驾驶员应当在规定的频率上守听，未经管制员批准不得中断守听。为保证无线电通信顺畅有效，管制员、飞行签派员和航空器驾驶员应当按照民航总局规定的无线电报格式、航空器及管制单位识别代号、略语、字母和数字拼读规则以及规定的通信优先次序执行。地空管制通话应当使用民航总局空中交通管理局规定的专用术语及规范，保证地空通话简短、明确。通话过程中，对关键性的内容和发音相似、含意相反的语句，应当重复或者复诵。中国航空器从事国际飞行的，陆空通话使用英语；从事国内飞行的，陆空通话使用英语或汉语普通话；但在同一机场，同时使用两种语言通话时，管制员应当注意协调。在中华人民共和国境内飞行的外国航空器不论其国籍，陆空通话应当使用英语。

中国航空器从事国际飞行和外国航空器在中国境内飞行的，陆空通话使用世界协调时（格林尼治时间）。从事国内飞行的中国航空器，陆空通话可使用北京时。

第三节　飞行情报服务

为保证飞行安全，民航当局要向驾驶员和有关航行的系统提供准确的

飞行前和飞行中所需要的情报，这个任务称为飞行情报服务（Flight Information Service）。飞行情报服务的目的是向飞行中的航空器提供有益于安全和有效实施飞行的建议和情报。

飞行情报服务由飞行情报中心提供。飞行情报部门是一个完整的系统，它与空中交通管制部门协同工作。为了便于对在中国境内和经国际民航组织批准由我国管理的境外空域内飞行的航空器提供空中交通情报服务，全国共划分为沈阳、北京、上海、广州、昆明、武汉、兰州、乌鲁木齐、香港和台北十个飞行情报区。在机场有飞行情报服务人员或航行情报室，各个大飞行情报区都设有飞行情报中心，定期或连续地向外发布飞行情报。民航总局设有全国性的情报中心。飞行情报服务系统不控制空中交通，它只是一个提供信息的网络，它把各飞行情报单位联系起来，可以把整个航路上的各种信息提供给管制员和驾驶员，保证驾驶员在飞行情报区覆盖范围内任何一点都可以通过电信得到需要的飞行情报。

飞行情报主要有航图、航行资料和气象预报。飞行量在年起降超过30000架次的机场，为了减轻空中交通管制甚高频陆空通信波道的通信负荷，一般都设立了机场自动终端情报服务系统，为进、离场航空器提供服务。机场自动终端情报服务通告的播发应当在一个单独的频率上进行。

一、航图

航图是把各种和航行有关的地形、导航设施、机场标准、限制以及有关数据全部标出来的地图。它分为两大类：一类是标出地形和航行情况的航空地图，另一类是以无线电导航标志和局部的细致地形图为专门目的使用的特种航图。

（一）航空地图

航空地图主要用于目视空中领航及指定飞行计划。按照所表示的范围分为世界航图、区域航图和航空计划地图。

（二）特种航图

主要有航路图、仪表进近图、机场图和机场障碍图等。

航路图是向机组提供有空中交通服务的航路的航行资料，图上包括航

路上的所有无线电导航信息。航路图中的方位、航迹以磁北为基准，并标出了航路上的所有报告点的位置，驾驶员在报告点上必须要向管制员报告飞机的参数和位置。

仪表进近图主要为进近和仪表着陆使用，它的比例尺较大，详细标出了进近时的路线和导航设施的位置和频率，供飞机在机场区域按规定航线和高度安全有序地飞行，避免和其他航空器或障碍物相撞。

机场图和机场障碍图标明了机场附近的航行情况和限制以及障碍物的情况，使驾驶员对降落的机场有详细的了解。

二、航行资料

航行资料主要有航行资料汇编、航行通告、航线资料通告、飞行员资料手册等。

航行资料汇编是为了国际交换的关于一个地区或国家航行方面的基本资料和数据，为国际航线所用。它按要求提供：民航当局认可的机场、气象、空中规则、导航设施、服务程序，在飞行中可以得到的服务和设施的基本情况，发布国的民航程序和各种建议及规定的判别。

航行通告是航行情报服务的最重要的航行资料之一。它及时向飞行有关人员通知航行设施、服务和程序的建立及状况变化，以及航路上出现的危险情况，是飞行员及有关人员应及时了解的资料。

航线资料通告分为定期航行资料通告和航行资料通告，公布对关于导航程序、系统的变化预测以及关系到飞行安全的各有关方面的情况。

飞行员资料手册主要包括关于 ATC 的程序和飞行基本数据、机场手册（各机场的进近、离场程序，航行情报中心和气象服务电话号码等）、操作数据和有关的航行通告、航图和补充材料。

三、气象预报

气象预报是对某一特定的区域或部分空域，在特定时刻或期间的、预期的气象情况的叙述。

鉴于气象对航空活动的重要影响，各国的民航当局和气象部门都及时地为航行部门、空中交通管制部门及驾驶员提供准确的气象信息，以保证飞行安全。

我国的航空气象服务是由专门的民航气象机构完成的，它由航空气象观测站、机场气象台和区域气象预报中心组成。气象观测站设在机场和主要航路点上，它的任务是观察和记录天气实况。机场气象台的任务是编制机场和航路天气预报，收集有关航行的气象报告并与有关方面及地方气象台交换气象情报，向飞行机组和其他航务人员讲解天气形势并提供各种气象文件。区域气象预报中心的任务是提供区域内重要天气预报图和特定高度上的高风的情况。此外，驾驶员要按规定向航空气象部门报告天气情况，这也是航空气象情报网的重要组成部分。

气象报告主要包括机场气象观测报告、机场预报、起飞预报、高空风预报、航路预报、天气图、雪情通报等。

空中交通管制单位向航空器和其他有关空中交通管制单位通报的气象情报，均以气象部门所提供的资料为准。但塔台管制室也可通报由航空器报告的气象情报和观察到的气象情报。气象部门所提供的气象情报与塔台管制室观察到的气象实况有差异时，塔台管制室应当将该情况通知气象部门。接到飞行中的航空器关于颠簸、结冰、风切变、雷雨等重要气象情报时，空中交通管制单位当及时向在相关空域内飞行的其他航空器和有关气象部门通报。向气象部门通报航空器所报气象情报时，应当一并通报该航空器的机型、位置、高度、观测时间。接到重要气象情报和特殊天气报告后，如果本区内飞行的航空器将受到该天气影响，空中交通管制单位应当在除紧急频率外的频率上予以通播。

四、雷达情报服务

在雷达管制区，雷达显示器上的信息可用于向被识别的航空器提供下列情报。

（1）任何观察到的航空器与已经识别的航空器在一冲突航径上的情报和采取避让行动的有关建议。

（2）重要天气情报以及指挥航空器绕航，避开恶劣天气的建议。

（3）协助航空器领航的情报。

当雷达管制员观察到被识别的航空器与不明航空器有冲突，可能导致

相撞危险时，应当向其管制下的航空器通报不明航空器情报。如航空器驾驶员提出请求，应当向其提供有关避让的建议。冲突危险不存在时，应当及时通知航空器。如果二次雷达高度未经证实，应当通知航空器驾驶员有相撞危险，并说明该高度信息未经证实。如高度已经证实，该情报应当清楚地发给航空器驾驶员。有关航空器将要穿越危险天气的情报，应当提前足够时间向航空器发布，以便航空器驾驶员采取措施。

使用雷达提供飞行情报服务，不会解除航空器驾驶员的任何责任，航空器驾驶员仍有最后的决定权。

第四节 空域规划与空中交通流量管理

一般的空中交通管制服务是对现有的飞行活动的引导和管理，没有考虑整体空域的利用和如何使空中交通更为通畅和有效。把空中交通作为一个整体，为有效利用空域，就要进行空域规划管理；为使空中交通通畅和提高效率，则要实施空中交通流量管理。

一、空域规划管理

（一）空域

空域又称"可航空间"，是指空中交通工具在大气空间中的活动范围。《中华人民共和国民用航空法》规定："中华人民共和国的领陆和领水之上的空域为中华人民共和国领空。中华人民共和国对领空享有完全的、排他的主权。"《国际民用航空公约》规定："缔约各国承认每一国家对其领土之上的空气空间享有完全的和排他的主权。"

（二）空域规划

对空域进行类型划分的目的是：在可以接受的安全范围内，为在此空域内运行的航空器提供最大限度的灵活性、机动性，即在高密度、高速度运行的空域内，要为航空器提供最大的间隔，并对其实施主动管制；在飞行活动量较少的区域，如果可以接受的气象条件存在，飞行员本身能获得所必需的服务。

空域规划包括航路规划、近离场方法和飞行程序的制定。通过航路规划，将统一航线按不同高度加以划分，主要的航线设置为单向航路，可以大大提高航线上的飞行量。近离场属于复杂的进近管制阶段，近离场程序的制定除了受机场净空、空中走廊的限制之外，还要受到周边机场使用空域的影响。机场作为空中交通的起点和终点，其上空是航空器运行最密集的区域，航空器在这一区域中相撞的概率是最大的，因此这一区域是空中交通管制的重点和难点。

（三）我国的空域划分

根据《中国民用航空空中交通管理规则》，我国用于民用航空的空中交通管制空域，分为飞行情报区、管制区、限制区、危险区、禁区、航路和航线。各类空域的划分应当符合航路的结构特征、机场的分布状况、飞行活动的性质和提供空中交通管制的需要。

飞行情报区是指为提供飞行情报服务和告警服务而划定范围。为了便于对在中国境内和经国际民航组织批准由我国管理的境外空域内飞行的航空器提供空中交通管制，全国共划分为沈阳、北京、上海、广州、昆明、武汉、兰州、乌鲁木齐、香港和台北十个飞行情报区。为了及时、有效地对在我国飞行情报区内遇险失事的航空器进行搜寻援救，在我国境内及其附近海域上空划设搜寻援救区，搜寻援救区的范围与飞行情报区相同。搜寻援救工作的组织与实施按照《中华人民共和国搜寻援救民用航空器规定》执行。

管制区是指自地球表面之上的规定界限向上延伸的管制空域。管制空域应当根据所划空域内的航路结构和通信、导航、气象、监视能力划分，以便对所划空域内的航空器飞行提供有效的空中交通管制服务。管制空域分为 A、B、C、D 四类。

A 类空域为高空管制空域。在我国境内 6600 米（含）以上的空间，划分为若干个高空管制空域，在此空域内飞行的航空器必须按照仪表飞行规则飞行并接受空中交通管制服务。

B 类空域为中低空管制空域。在我国境内 6600 米（不含）以下最低

高度层以上的空间，划分为若干个中低空管制空域。在此空域内飞行的航空器，可以按照仪表规则飞行。如果符合目视飞行规则规定的条件，经航空器驾驶员申请，并经中低空管制室批准，也可以按照目视飞行规则飞行，并接受空中交通管制服务。

C类空域为进近管制空域。通常是指在一个或几个机场附近的航路汇合处划设的便于进场和离场航空器飞行的管制空域。它是中低空管制空域与塔台管制空域之间的连接部分，其垂直范围通常在 6000 米（含）以下最低高度层以上，水平范围通常为半径 50 千米或走廊进出口以内的除机场塔台管制范围以外的空间。

D类空域为塔台管制空域，通常包括起落航线、第一等待高度层（含）及其以下、地球表面以上的空间和机场机动区。

危险区、限制区、禁区是指根据需要，经批准划设的空域。飞行中的航空器应当使用机载和地面导航设备，准确掌握航空器位置，防止航空器误入危险区、限制区、禁区。空中交通管制单位应当严密监视飞行中的航空器动态，发现航空器将误飞入危险区、限制区、禁区时，应当及时提醒航空器，必要时采取措施予以纠正。

（四）航路

航路是以走廊形式建立的、装设有无线电导航设施的管制区域或其一部分。根据在该航路执行飞行任务的性质和条件，划分为国内航路和国际航路。

空中交通管制航路各段的中心线，从该航路上的一个导航设施或交叉点开始，至另一个导航设施或交叉点为止。各段中心线连接起来成为航路的中心线。空中交通管制航路的宽度，通常为航路中心线两侧各 10 千米的平行边界线以内的空域，根据导航性能的定位精度，可调整其宽度，在航路方向改变时，则包括航路段边界线延长至相交点所包围的空域。空中交通管制航路应当用代号加以识别。国际航路的识别代号应当与国际民航组织协调，以防止重复使用。同时，空中交通管制航路应当设置重要点并用代号予以识别，以便掌握航空器在航路上运行的进度。

二、空中交通流量管理

空中交通流量的不断增加，给空中交通管制系统带来了越来越大的压力，也威胁着空中交通安全。因此，必须对有限的空域资源实施有效的管理。

空中交通流量管理（Air Traffic Flow Management）是当空中交通流量接近或达到空中交通管制可用能力时，适时地采取措施，保证空中交通量最佳地流入或通过相应的区域的管理活动。

（一）飞行流量管理机构

全国飞行流量管理机构分为民航总局飞行流量管理单位和地区管理局飞行流量管理单位两级。各空中交通管制单位是飞行流量管理的具体实施单位。

民航总局飞行流量管理单位的职责是掌握全国的飞行计划和飞行动态，监控国际航路、国内主要航路和飞行量密集地区的飞行流量，提出实施流量控制的措施并组织实施，掌握民航定期和不定期飞行起飞和降落时刻；与非民航有关单位进行协调，协调地区管理局飞行流量管理单位之间发生的或与航空器经营人、航务部门之间出现的流量管理问题。

地区管理局飞行流量管理单位的职责是掌握本地区管理局范围内的飞行计划和飞行动态，监控本地区管理局范围内的飞行流量，提出实施流量控制的措施并组织实施，对本地区管理局各机场定期和不定期飞行起飞、降落时刻提出审核意见，与本地区有关的非民用航空单位进行协调，协调本管理局空中交通管制单位与航空经营人航务部门之间出现的有关流量的问题。

（二）实施飞行流量管理的原则

飞行流量管理分为先期流量管理、飞行前流量管理和实时流量管理。实施流量管理的原则是以先期流量管理和飞行前流量管理为主，实时流量管理为辅。

先期流量管理，包括对全国和地区航线结构的合理调整、制定班期时刻表和飞行前对作定期航班的飞行时刻进行协调。其目的是防止航空器在

某一地区或机场过于集中和出现超负荷流量，以致危及飞行安全，影响航班正常。

飞行前流量管理是指当发生天气恶劣、通信导航雷达设施故障、预计扇区或区域流超负荷等情况时，采取改变航线，改变航空器开车、起飞时刻等方法，疏导空中交通，维持正常飞行秩序。

实时流量管理是指当飞行中发现或者按照飞行预报将要在某一段航路、某一区域或某一机场出现飞行流量超过限额时，采取改变航段，增开扇区，限制起飞，着陆时刻或者限制进入管制区时刻或者限制通过某一导航设备上空的时刻，安排航空器空中等待，调整航空器速度等方法，控制航空器按照规定间隔有秩序地运行。

因航线天气恶劣需要改变预定飞行航线时，由有关航空器经营人或民航总局飞行流转管理单位提出申请，经民航总局协调有关单位后，通知有关地区管理局飞行流转管理单位和空中交通管制单位。因通信、导航、雷达设施发生故障而需要改变预定飞行航线时，由发生故障的单位逐级上报至民航总局，由民航总局飞行流管理单位协调有关单位后，向有关地区管理飞行流量管理单位和空中交通管制单位发出改变预定航线的电报。预计扇区或区域流量超过负荷需要改变航线或航段时，由有关区域管制室向地区管理局飞行流量管理单位报告，如果采取的措施只涉及本区管制单位，则由地区管理局飞行流量管理单位协调当地有关单位后发布改变航线或航段的通知，并抄报民航总局飞行流量管理单位备案。

限制起飞、着陆时刻和空中等待的程序，根据飞行流量管理的需要确定，区域管制室有权限制本管制区内各机场的起飞时刻，有权就即将由上一区域管制室或进近（机场管制塔台）管制区飞进本管制区的航空器提出限制条件，有权增开扇区。进近管制室（机场管制塔台）有权就即将由区域管制室管制区飞进本管制区的航空器提出限制条件，有权增开扇区。机场管制塔台有权限制即将由区域（进近）管制室管制区进入本管制区的航空器在本场着陆的时刻。机场管制塔台有权限制航空器的开车和起飞时刻。

第五节　空中交通管制设施及新航行系统

一、空中交通管制设施

空中交通管制系统中常用的设施设备，主要包括航空无线电导航系统、雷达系统和通信系统等。

（一）无线电导航系统

航空无线电导航是借助飞机上的无线电设备接收和处理无线电波获得飞机导航参数的一种导航方法。它采用无线电导航设备和地面导航台对飞机定位和导航。目前常用的无线电导航系统有全向信标导航系统、仪表着陆系统、多普勒导航系统、卫星导航系统等。

全向信标导航系统（VOR）由机载甚高频全向信标接收机、显示器和地面甚高频全向方位导航台组成。它采用几何定位法，机载接收机将接收到的导航台发出的两个不同相位的正弦波进行比较，即可得到飞机相对导航台的方位角，再与测距器配合，即得到飞机至导航台的距离，从而得出飞机在空间的位置。

仪表着陆系统（ILS）通常由一个甚高频（VHF）航向信标台、一个特高频（UHF）下滑信标台和几个甚高频（VHF）指点标组成。航向信标台给出与跑道中心线对准的航向面，下滑信标给出仰角 2.5°～3.5°的下滑面，这两个面的交线即是仪表着陆系统给出的飞机进近着陆的准确路线。指点标沿进近路线提供键控校准点，即距离跑道入口一定距离处的高度校验，以及距离入口的距离。仪表着陆系统的作用在天气恶劣、能见度低的情况下显得尤为突出，它可以在飞行员肉眼难以发现跑道或标志时，给飞机提供一个可靠的进近着陆通道，以便让飞行员掌握位置、方位、下降高度，从而安全着陆，所以人们也把仪表着陆系统称为盲降。根据盲降的精密度，盲降给飞机提供的进近着陆标准不一样，因此盲降可分为Ⅰ、Ⅱ和Ⅲ类标准。从飞机建立盲降到最后着陆阶段，若飞机低于盲降提供的

下滑线，盲降系统就会发出告警。

多普勒导航系统（DOP）是利用多普勒效应实现无线电导航的机载系统。它由脉冲多普勒雷达、航向姿态系统、导航计算机和控制显示器等组成。它也叫航位推算法，利用航行速度三角形定位和定向。

卫星导航系统（GPS）由导航卫星、地面台站和用户定位设备组成。导航卫星是系统的空间部分，以多颗导航卫星构成空间导航网，"导航星"全球定位系统由 18 颗导航卫星组成导航网。地面台站跟踪、测量和预报卫星轨道，并对卫星上的设备工作进行控制管理。它包括跟踪站、遥测站、计算中心、注入站及时间统一部分。飞机定位设备由接收机、定时器、数据预处理器、计算机和显示器组成，它接收卫星的轨道参数和定时信息，同时测出距离、距离差等导航参数，经计算得出飞机的位置三维坐标及速度矢量。

（二）雷达系统

空中交通管制单位通常配备相应的空管监视设备，以便监视和引导航空器在责任区内安全飞行。雷达（RADAR）是空中交通管制单位使用的一种提供目标物的距离、方位和高度等信息的无线电探测装置。航管使用的雷达有两类：一类是用于探测空中物体的反射式主雷达，称为一次雷达；另一类称为二次雷达，二次雷达实际上不是单一的雷达，而是包括雷达信标及数据处理在内的系统。同时，一次和二次雷达数据配备有自动记录系统，供调查飞行事故和飞行事故征候、搜寻援救以及空中交通管制和监视系统运行的评价与训练时使用。移动通信、固定通信和监视设施的自动记录系统应当处于统一的时钟控制之下，并能够同步播放。

空中交通管制使用的一次雷达主要起监视的作用，可以分成三类。

1. 机场监视雷达

用以探测和显示航空器所在的终端区位置。它的作用距离为 100 海里，主要供塔台管制员或进近管制员使用。机场监视雷达提供距离和方位信息，但不提供高度数据。

2. 航路监视雷达

设置在航管控制中心或相应的航路点上。它的探测范围在 250 海里以上，高度可达 13000 米。航路上的多部雷达能把整个航路覆盖。

3. 机场地面探测设备

它的功率小，作用距离一般约为1.6千米，主要用于特别繁忙的机场的地面监控。它的主要作用是在能见度低的时候提供飞机和车辆的位置信息，可以监控在机场地面上运动的飞机和各种车辆。塔台管制员用它来控制地面车辆和起降飞机的地面运行，保证安全。

二次雷达上可以显示飞机的编号、高度、方向等参数，使雷达由监视的工具变为空中管制的手段。二次雷达的出现是空中交通管制的最重大的技术进展，二次雷达要和一次雷达一起工作，它的主天线安装在一次雷达的上方，和一次雷达同步旋转。二次雷达系统的另一重要组成部分是飞机上装的应答机。应答机是一个在接收到相应的信号后能发出不同形式编码信号的无线电收发机，在接收到地面二次雷达发出的询问信号后，进行相应回答。这些信号被地面的二次雷达天线接收，经过译码，在雷达屏幕出现的显示这架飞机的亮点旁边。它会显示出飞机的识别号码和高度，便于管制员了解飞机的位置和代号。为了使管制员在询问飞机的初期就能很快地把屏幕上的光点和所对应的飞机联系起来，机上应答机还具有识别功能，驾驶员在管制员要求时可以按下识别键，这时应答机发出一个特别位置识别脉冲（SPI），这个脉冲使地面站屏幕的亮点变宽，以区别于屏幕上的其他亮点。

（三）通信系统

航空通信系统是为了保证民用航空飞行通信联络的需要专门建立的通信系统。空中交通管制通信系统用以交换和传递飞行计划和飞行动态，移交和协调空中交通管制。航空电信网通过不同类属的"空—地"和"地—地"通信链路向机组、空中交通管制员、航空器经营人提供数字化数据信息交换的通信网络。航空通信系统主要涉及数据链通信、航空移动通信业务和航空电信网。

空管通信网以自动转报、分组交换和卫星通信为主，直接服务于机场有关部门和航空公司有关部门，连接全国各主要航站，覆盖所有国际航路和国内干线航路，承担民航空管通信的话音业务和数据业务，主要是地对地通信和地对空通信。其中地对空通信业务分为四种类型：①空中交通服务（ATS），包括放行许可及证实、管制移交及证实、飞行动态、航行通

告、天气预报、空中交通管制、飞行位置报告等话音、数据业务；②航务管理通信（AOC），包括气象情况、飞行计划数据、飞行员与调度员通信、飞行情报等话音、数据业务；③航空行政管理通信（AAC），包括设备与货物清单、旅客旅游安排、座位分配和行李查询等数据业务；④航空旅客通信（APC），包括机组人员的私人通信等业务。完成上述话音、数据业务的通信系统和网络包括平面数据通信网络、卫星通信网络、VHF数据链通信网络等。

数据链通信包括高频数据链通信（HF）、甚高频数据链通信（VHF）以及二次雷达（SSB）的S模式。高频话音/数据通信（HF）不仅可用于北极和南极区域的自动相关监视，而且在国内干线飞机上的应用情况也很好；甚高频话音/数据通信的延时低、数据通信速率高，且音质好、费用低，因此在终端交通密集区可应用于新系统中；S模式的SSR数据链，对于空中交通进行非相关监视的同时提供"空—地"数据链路，它比VHF数据链速率高，被用于终端与其他交通密集区。航空移动通信使空中飞机在任何地方都能与地面进行实时有效地通信，且在空管中心的实时监视之下。"空—地"通信采用HF、VHF、SSR的S模式和AMSS数据链，在飞行过程中根据需要进行自动选择。"地—地"通信主要依靠现有局域网来完成，他们按照国际标准化组织的开放系统互联标准互联，使机场、航空公司及航管部门之间实现通信链接。

二、新航行系统（CNS/ATM）概述

空中交通管制工作由一系列复杂的任务组成，要求管制员具有高度的技能和灵活应变的能力，如对空域的洞察力，可用信息的处理、推理和决断的独特能力。全球一体化ATM所显示的安全性、空域高容量和飞行有效性要求管制员在发挥其特有能力的同时，还要利用自动化手段改善管制工作效率。在航行数据采集处理、动态空域的组织、飞行状态的预测、解决冲突建议措施的选择过程中，自动化系统的快速解算能力获得的更及时、更准确的结果，可帮助管制员自动进行航空中交通活动的计算、排序和间隔，获得更直接的航路，以便在有限的空域内建立有效的飞行流量。同时，各种信息的多途径自动有效传输极大地减轻了管制员的工作负荷。

新航行系统是为解决现行航行系统在未来航空运输中的安全、容量和效率不足等问题，在飞机、空间和地面设施三个环境中，应用由卫星和数字信息提供的先进的通信（Communication）、导航（Navigation）和监视（Surveillance）技术（即 CNS 技术）方案。新航行系统主要是以空中卫星为基本特征的（简称"星基"）。导航是核心，通信是必要条件，监视是系统安全保障的手段，三者缺一不可。CNS 系统在航空中的应用将为全球航空运输的安全性、有效性和灵活性带来巨大的变革，使民用航空进入全新的发展时期。

（一）新航行系统的组成

新航行系统由通信、导航、监视和空中交通管理（ATM）四部分组成，其中通信、导航和监视系统是基础设施，空中交通管理是管理体制、配套设施和应用软件的组合。

新航行系统采用"卫星技术＋数据链技术＋计算机网络技术＋自动化"的新技术。系统利用卫星技术，从路基通信、导航、监视系统逐步向星基通信、导航、监视系统过渡，逐步以星基系统为主，保证空中交通形成空地一体化、全球连续无隙通信；数据链技术的开发利用，实现"空—地""地—地"可靠的数据交换，并进一步实现"空—空"数据交换，使空中交通管理实现高度自动化、智能化；系统采用数字化、计算机信息处理技术，保证空中交通安全有序，同时也减轻驾驶员和管制员负担。

1. 通信系统

在新航行系统中，导航和监视系统所形成的各种数据都是通过通信系统来传输的，因此，通信系统是新航行系统的基础。通信系统主要涉及数据链通信、航空移动卫星业务（Aeronautical Mobile Satellite Service，AMSS）和航空电信网（Aeronautical Telecommunication Network，ATN）。

数据链通信包括高频数据链通信（HF）、甚高频数据链通信（VHF）以及二次监视雷达（SSR）的 S 模式。

航空电信网是 CNS/ATM 系统的一个重要组成部分，是新航行系统中通信系统的主体，集地面与空地数据通信为一体，实现各空中交通管理计算机系统之间、数据处理系统之间以及各类航空用户之间的数据交换，

使整体的航空电信网在设计、管理和控制每个子网方面十分灵活，而每个子网又很容易实现其网络环境中的各种应用，可以区分安全通信和非安全通信并按航空电信要求建立优先等级。各种空地通信的数据均能连接到地面空中交通管制计算机系统和航空通信单位的计算机系统，并可在这些计算机系统中按规定地址进行端到端的连接和高速数据交换。

与传统的通信系统相比，新航行系统的通信系统主要增加了数据通信、卫星通信、二次雷达 S 模式数据链和 ATN。它具有如下特点：有更为直接和有效的"地—空"数据链；数据处理上的改善，减少信道拥挤，减少通信差错；应用中的共用性，减少工作量；更为精确的数据，减少误码率，节约成本。

2. 导航系统

星基空中交通管理系统的核心就是 GNSS，它包括美国的全球定位系统（Global Positioning System，GPS）、俄罗斯的全球定轨导航卫星系统（Global Orbiting Navigation Satellite System，GLONASS）和国际海事卫星通信系统（International Maritime Satellite，INMARSAT），以及其他的卫星导航系统。

GPS 布设（24+3）全球卫星导航星座（24 颗工作星＋3 颗备用星），分布在 6 个轨道上，每个轨道上布设 4 颗卫星。它提供 P 码信号精度定位（Precision Positioning Service，PPS）和 C/A 码信号标准定位（Standard Positioning Service，SPS）两项服务。PPS 只有美国军方以及特许用户才能使用，定位精度优于 10 米；SPS 为民用，定位精度水平位置为 100 米，垂直位置为 156 米。

GLONASS 类似于 GPS，空中 24 颗卫星分布在 3 个轨道上，每个轨道布设 8 颗卫星。俄罗斯早在 20 世纪 80 年代就宣布免费向全世界民用用户提供民用码信号服务，其定位精度与 GPS 的 C/A 码接近。

INMARSAT－Ⅲ卫星转发来自地面基准网的广域电离层校正值与差分 GNSS 修正值，还转发来自地面监控网的 GPS 和 GLONASS 的完善信息，它还发送附加的测距信号。

CNS/ATM 的 GNSS 导航主要靠 GPS 和 GLONASS，INMARSAT－Ⅲ卫星的主要作用是改善其实时定位精度，增强民用导航的可靠性。使用

GNSS，飞机就可以直线飞行，既缩短了飞机间隔，省时省油，又提高了安全性、准点率与空间利用率，而且还能以此为基础做自动相关监视（ADS）。

3. 监视系统

新航行系统中的监视系统主要包括 A/C 模式或 S 模式的二次监视雷达、自动相关监视（ADS）和广播式自动相关监视（ADS－B）。

由于雷达波束的直线传播，形成了大量雷达盲区，因此 SSR 主要用于终端区和高密度陆地空域的监视。ADS 主要在洋区、低密度大陆区域以及其他需要的内陆区域使用，也可以作为高密度区域二次监视雷达（SSR）的备份手段。利用 ADS－B 技术，本机收到邻机位置报告后能实现空对空相互监视功能；同时，利用 ADS 技术和甚高频数据通信，在繁忙的机场上可以进行场面监视，防止车辆等非法进入跑道，以保证机场活动的安全。

ADS 是新航行系统新增的监视方式之一，由卫星导航、空地数据链、先进的地面处理和显示系统组成。与地面主动监视的雷达监视不同，ADS 系统是依靠飞机报告位置的被动监视方式。机载电子设备（卫星导航或惯性导航）导出的位置数据通过数据链传送到地面，然后在自动相关监视终端（新航行系统工作站）上形成空中交通信息，最终在管制员荧屏上显示出来，新的监视系统可以减少位置报告的误差，可对非雷达空域进行监视，提供更为精确的位置数据和更便捷的航线，允许飞机剖面的临时改变，从而提高灵活性，大大节约成本。

4. 空中交通管理系统

新航行系统由通信、导航、监视和空中交通管理组成。在实际应用中，虽然存在独立的可用技术和设备性能规定，但从完成安全、有效飞行任务总目标意义上认识，其中的通信、导航和监视系统以硬件设备和应用开发为主，空中交通管理系统则以数据综合处理和规程管理运行为主。空中交通管理考虑空中及地面系统的运行能力以及经济上的需要，为用户提供空域上的最大效能；考虑飞机装备的等级和运行目的的不同，灵活地组织不同的用户分享空域，保证空中交通管理系统的总效率；向用户提供从起飞到着陆的连续协调、有效服务和管制，确保安全；与国际上协调一

致，保证飞越国境顺利进行。

（二）新航行系统的特点

新航行系统是一个完整的系统。新航行系统由通信、导航、监视和空中交通管理组成。通信、导航、监视和空中交通管理之间相辅相成，在科学的管理方法指导下，高性能的硬件设备能为实现 ATM 目标提供辅助的手段，为空中交通高效率运行提供潜能。不论是现在 ATC 的目标，还是今后全球 ATM 的目标，都是依赖于当时可用技术和设备能力提出来的。新航行系统将各种可靠的手段和方法有机地综合在一起，将来自各信源的信息加工处理和利用，实现一致的和无缝隙的全球空中交通管理。

新航行系统是一个全球一体化的系统。新航行系统满足国际承认和相互运行的要求，对空域用户以边界透明方式确保相邻系统和程序能够相互衔接，适合于广大用户和各种水平的机载电子设备。随着新航行系统不断完善，在安全性、规范性、有效性、空域共享和人文因素等方面提出的新规定，成为发展新航行系统过程中普遍应用的系列标准，指导各国、各地区有效实施新系统，取得协调一致的运行效果，使空中交通管理和空域利用达到最佳水平，从而实现全球一体化 ATM 的目标。无论在境内还是跨国空域运行，全球一体化的航行系统以无缝隙的空域管理为用户提供连贯和一致性的服务。

新航行系统采用的卫星技术和数据处理技术从根本上克服了陆基航行系统固有的而又无法解决的一些缺陷，如覆盖能力有限、信号质量差等。而其计算机应用和自动化技术是实现信息处理快捷、精确，减轻人员工作负荷的重要手段。

新航行系统是一个发展的系统，今天的新航行系统革新方兴未艾。面对交通持续增长和新技术的不断涌现，新航行系统会不断地吸纳新技术，使其向着理想模式发展。在完善各种性能要求，并在所需性能指导下，新航行系统可为各国、各地区提供广泛的新技术应用空间和发展余地。

第五章　民用机场概述

第一节　民用机场的发展历程

一、民用机场定义及发展历史

民用航空运输是依赖飞机在空中飞行完成的运输，但是飞机载运的旅客、货物、邮件等都来自地面，因此就需要一个场所提供民航运输的空中与地面的衔接服务，这个场所就是民用机场。民航机场提供飞机起降、停靠、航线维护和组织旅客、货物有序登机等保障服务。

民用机场的最终目的是保障民航飞机安全有效运营，因此民用机场的演变是跟随着民航飞机的性能提升而逐步发展的。从世界范围来看，大致可以划分为三个重要发展阶段。

（一）第一阶段：飞行员的机场

世界上第一个机场是 1910 年在德国出现的，当时的机场只是人为地划定了一块草地，指定几个人负责管理飞机的起降，这也是现代大型机场的基础性功能。为了便于飞机的存放，还设有简易的帐篷，作为飞机落地后的停放场地。当时的飞机并没有成为一种运输方式进入交通领域，只不过用于航空飞行爱好者的冒险活动和军事飞行活动，所以这一时期的机场只是为飞机和飞行员服务，不具备任何社会服务的功能。

（二）第二阶段：飞机的机场

第一次世界大战极大地刺激了欧美各国航空工业的发展，随着战争的结束，大批军用飞机和生产能力面临转移的局面，其中最好的转移方向就是军用转民用。大批军用飞机得到改装从事民航运输，加之开辟了多条国家间和洲际航线，民航运输业进入第一个春天。为了满足开设航线的需要，各国在这一时期纷纷新建机场，全球很多大型机场的雏形都是在这段时间完成的。由于飞机性能的提升，原有的草地跑道和地面人工指挥已经不能满足需求，飞机对机场的设施提出了更高要求，如航空管制、导航通信、跑道地面强度、安排旅客登机组织等。为了满足这些要求，机场在原有基础上出现了管制塔台来解决航空管制问题；采用混凝土道面来解决道面强度问题；建设候机楼来解决登机组织问题。诸多功能设施的出现奠定了现代大型民用机场的雏形，这一时期的机场主要是为飞机服务。

图 5—1　第一次世界大战时期的机场

民用机场的大发展开始于第二次世界大战结束前夕，1944 年芝加哥会议后成立了国际民航组织，通过确立相关条例统一了全球机场设计和施工标准，使得全世界的机场建设有规则可遵守，提升了通用性。

图 5-2　小型机场

（三）第三阶段：社会的机场

　　随着第二次世界大战后全球经济的高速稳定发展，世界各国经济交往的日益频繁极大地促进了运输业的发展，民航运输逐渐成长为远距离运输的主要方式。民航业的大发展刺激航空制造企业生产体积更大、飞得更远的民航机。特别是 20 世纪 50 年代末，随着大型民用喷气式飞机的出现，飞机变成大众交通工具，航空运输业也成为发达地区经济体系的重要组成部分之一，成为推动地方经济发展的引擎。当然，机场的发展同城市的发展并非完全协调，随着大型飞机起降速度的增加，机场的跑道、滑行道和停机坪都要加固和延长，候机大厅、停车场、进出机场的交通设施都要新建或扩建，为了配合机场发展，在机场周围要建设大型物流园区或航空工业区，这些都对地方经济的发展起到带动作用。但是航班数量的增加和飞机大功率引擎的噪音又给机场周边的环境带来毁灭性影响。这一时期的机场俨然已经成为整个城市不可分割的一部分，但又同时要求机场的建设和管理要同整个城市的发展规划相一致，做到和谐统一。

图 5-3　现代航空港

二、民用机场分类

1. 按用途分

机场按照其用途可以分为军用和民用两大类，只为商业性航空运输服务的机场称为民用机场。在我国，大型的民用机场称为航空港，小型的民用机场称为航站。

民用机场 ┤ 航空港 ┤ 主要空港 / 一般空港 / 通用空港 / 备用空港
　　　　　└ 单位和私人机场

2. 按飞行区等级划分

衡量一个机场的大小，一个关键的指标就是这个机场可以起降的飞机型号。那么，如何判断一个机场可以起降哪种机型呢？这取决于机场跑道的相关指标。按照国际通行标准，机场的飞行区域划分为若干等级。飞行区等级用两个部分组成的编码来表示，第一部分是数字，表示与飞机性能相适应的跑道性能和障碍物的限制；第二部分是字母，表示飞机的尺寸所要求的跑道和滑行道的宽度。因而对于跑道来说，飞行区等级的第一个数字表示所需要的飞行场地长度，第二位的字母表示相应飞机的最大翼展和最大轮距宽度。相应的数据见表 5-1。

表 5-1 机场等级划分

第一位数字		第二位字母		
数字	飞机场地长度（米）	字母	翼展（米）	轮距（米）
1	<800	A	<5	<4.5
2	800~1200	B	5~24	4.5~6
3	1200~1800	C	24~36	6~9
4	1800 以上	D	36~52	9~14
		E	52~60	9~14
		F	60~80	14~16

4E 级的机场可以起降各种大型的民航飞机，如波音 747-400 等，4F 级的机场可以停放已经投入商用的空中"巨无霸"A380 飞机。

三、世界航空港布局

民航运输业发展水平是由地区经济发展程度决定的，当一个地区经济发展到一个比较高的程度时必然会带来频繁的商业活动，从而为民航运输提供人流和物流。从整个世界范围来看，航空港主要分布在发达国家和地区，其中北美和欧洲的大型航空港最为密集。

根据 2006 年的数据，全球完成旅客周转量最大的机场是美国的亚特兰大机场，周转量排名前十位的机场有九个位于欧美。但是随着亚洲经济崛起，特别是中国经济持续多年高速增长，亚洲已经成为国际民航运输最活跃的区域之一。

四、航空港对区域经济的影响

（一）航空港是区域交通体系的重要组成部分

航空港是区域海陆空立体交通运输系统中的关键环节，航空俨然成为其所在城市及周边辐射区域通向国内外重要经济中心的重要门户。是否有大型国际航空港已经成为衡量一个城市或区域交通能力的重要标准。

（二）航空港是对外开放程度的缩影

民航运输业不仅是一个国家经济建设得以高速发展的重要支柱，而且

是对外开放的助推器。在国际政治、经济、科技、文化的合作与交流过程中，现代化的航空港已经成为一个国家或者城市的标志，其水平和标准代表着一个地区的政治、经济和文化的发达程度。

（三）航空港是招商引资的砝码

大型航空港为了避免影响城市的整体发展，通常会建设在城市的周边。航空港可以提供快速的物流服务，尤其适合那些以转口型贸易为特点的工业集群发展。航空港所在地往往会吸引大量的内资和外资进行开发，在机场周边形成一整套的航空工业区，从而促进当地经济发展。

（四）航空港能促进当地经济发展

航空港为了给众多航空公司提供保障，需要大量相关服务人员。机场本身就是一个小型社会，其中的客货运输服务、航空配餐、航空油料供应以及围绕旅客和货物的各种服务，都可带来可观的收益和就业机会，从而带动当地经济发展。

第二节　航空港功能区域介绍

根据国际民航组织的相关规定，航空港大体上按照功能划分为飞行区、客运站区、货运站区、航管及助导航设施区和其他支援辅助设施区五大功能区域，每个区域具备相应功能，但是又不能独力存在，需要相互协调配合共同保障航空港的安全、高效运行。

一、飞行区

飞行区是完成飞机各项保障工作的操作平台，它由跑道、滑行道和停机坪三大部分组成。

（一）跑道

跑道是飞机起飞和降落的通道，是机场最核心的功能设施。跑道的等级直接决定着机场的各项关键指标，如飞机起降架次、年旅客吞吐量、高峰小时旅客吞吐量等，除了跑道等级区别外，为了方便管理，还设定了很多基本参数，包括方向和跑道号、基本尺寸（跑道的长度、宽度和坡度）、跑道的道面和强度跑道还必须有一定的附属区域以确保飞机起降的安全性，包括道肩、安全带和净空道等部分。

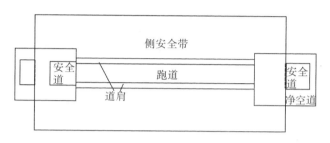

图 5-4　跑道及净空道图

（二）滑行道

滑行道是连接跑道各个出口和停机坪各机位运行的通道。飞机通过它从机坪的各机位滑行到指定跑道起飞端（飞机要求逆风起飞）或者通过它从降落端着陆减为滑行速度后滑行到指定停机位（飞机要求逆风降落）。通常大型航空港的跑道会设计多个跑道出口和滑行道相连，使已降落的不同机型飞机迅速离开跑道，以便充分利用跑道资源。

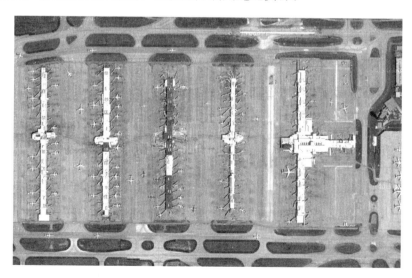

图 5-5　美国亚特兰大机场

滑行道的宽度由使用机场最大的飞机的轮距宽度决定，要保证在滑行道中心线上滑行，它的主起落轮的外侧距滑行道边线应不少于 1.5～4.5 米。在滑行道上飞机运行密度通常要高于跑道，飞机的总质量和低速运动时的压强也会比跑道所承受的略高，对滑行道的道面强度要求较高。为了方便机场降落指挥，在滑行道上都标有滑行路线。

滑行道和跑道端的接口附近设有等待区，地面上有标志线标出，飞机在进入跑道前在这个区域等待许可指令。等待区与跑道端线保持一定的距离，以防止等待飞机的任何部分进入跑道，成为运行的障碍物或产生无线电干扰，从而造成飞行危险。

（三）停机坪

停机坪是停放飞机和旅客及货物登机的地方。它根据运输种类可以划分为客机停机坪和全货机停机坪；根据位置可以划分为近停机坪和远停机坪。为了提高机场运转效率，停机坪会划分出不同区域的多个停机位。近机位通过廊桥上下旅客，远机位通过摆渡车和悬梯车上下旅客。停机坪上也画有相关滑行指示标志，为了操作快捷，不同机型停靠应按照相关指示标志进行。停机坪交通限制也是极其严格的，在停机坪上穿梭的各种服务特种车辆，除了要按机场规定行驶外，还要遵循"车让机"的总原则。停机坪的管理状况是衡量一个航空港管理水平高低的重要表征。

二、客运站区

客运站区是旅客进入航空港登机前活动的主要场所，具体包括航站大厦、候机厅和停车场。

（一）航站大厦

航站大厦又称"客运楼"，国际航空港的航站大厦基本都分为国内、国际出发大厅和国内、国际到达大厅四个基本区域。航站大厦往往是航空港的标志，其中有些已经成为其所在城市的标志性建筑。旅客到达机场，首先进入出发大厅办理相关的乘机和行李托运手续，然后通过安全检查（国际出发还需要通过海关和边检）进入控制区域等候登机。旅客乘坐飞机到达目的地机场，下机后通过捷运系统进入到达大厅，如果有托运行李在行李提取履带处提取，然后经过工作人员核对无误后离开控制区域，结束旅行。

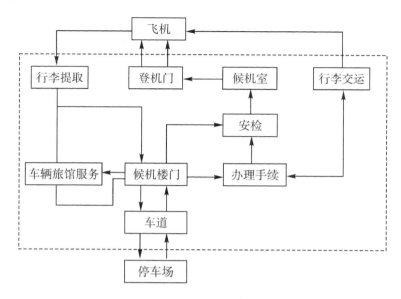

图 5-6　候机楼流程图

图 5-7　美国洛杉矶国际机场航站大厦

（二）候机厅

候机厅是旅客办理相关手续进入机场控制区等待登机的区域。候机厅为旅客提供多种服务，有购物、餐饮、休闲等设施。

候机厅根据不同的设计布局可以分为远端停机式、直线式、指状长堤式、卫星式、个别单元式五种。

图 5－8　远端停机式布局

1. 远端停机式

远端停机式是指飞机停靠在航空港的远机位，旅客需要通过摆渡车到达飞机附近。其好处是大大减少了建筑费用，有不受限制的扩展余地。大型飞机往往采用这种方式，因为近机位资源有限，没有办法停靠大型号飞机。但它的劣势在于会增加停机坪上运行的车辆，增加相关服务人员，也增加旅客登机的时间，给旅客上下飞机带来不便。

2. 直线式

直线式是最简略和最常见的候机厅布局，即飞机停靠在候机厅墙外，沿候机厅一线排开，旅客出了登机门经过登机廊桥直接登机。其优势是简单、方便，但即时处理的飞机数量较少，在交通流量很大的时段，有些飞机就无法停靠到位，造成延误。

图 5-9　直线式布局

3. 指状长堤式

指状长堤式指由航站大厦伸出拇指状走廊，飞机停靠在走廊两边。其优势是在相同的区域空间内可以同时停靠多架飞机，指状长堤式是目前大型空港中使用比较多的一种，走廊内设置有代步捷运系统方便旅客，减少其步行距离。

图 5-10　指状长堤式布局

4. 卫星式

卫星式是在航站大厦外一定距离设立一个或几个候机岛，飞机可以沿卫星厅停靠，卫星厅和航站大厦之间有活动人行通道或定期来往车辆沟通。与指状长堤式比较，其优势在于卫星厅内可以有很多航班，各航班旅客登机时的路程和所用的时间大体一致，旅客在卫星厅内可以得到较多的航班信息。其缺点是建成后不易进一步扩展。

图5-11　卫星式布局

5. 个别单元式

个别单元式适合周转量大的中枢网络型机场，其候机厅是根据机场布局和航班特点，将以上四种独立的形式加以组合，形成个别单元共同构成航空港的候机区域。这种方式可以最大限度地发挥上述各种方式的优势，弥补不足，提高整个机场的运转效率。

图5-12　个别单元式布局

（三）停车场

停车场是航空港的功能区域，可以方便旅客自驾车旅行。发达国家在停车场还会提供租车等衍生服务。为了方便旅客更快速地进出机场，很多大城市修建专门的高速公路和轨道运输连接机场和市区。上海就有全球首条投入商用的磁悬浮列车通往浦东国际机场。

图 5-13　停车场

三、货运站区

货运站区是从事民航货物运输操作区域的总称，通常由全货机停机坪、货运中转仓库、货运代理人操作区组成。在国际货运航班较多的机场，为了提高国际货运的效率，海关通常都设有专门的驻机场办事机构，提供海关监管服务。依托民航货运站区一般还会成立航空物流园区和进出口保税区，带动机场周边工业的发展。

图 5-14　机场货机坪

四、航管及助导航设施区

航管及助导航设施区是保障飞机在机场安全起降和指挥飞机在停机坪滑行的设施的总称。其中航空管制塔台是最核心的区域，塔台是机场最高的建筑，飞机管制员通过仪表和目视指挥飞行员完成飞机的起飞、降落和滑行，可以将其比喻为整个航空港的大脑。当然，只有塔台管制是远远不能满足飞机安全需要的，还需要诸多导航设施相配合。

五、其他支援辅助设施区

航空港是一个由众多功能区域构成的复杂区域，除了上面介绍的四大区域外，还包括机务维修区、航空油库、消防站、机场医院等辅助设施，合称为其他支援辅助设施。

（一）机务维修区

飞机体积巨大，除了机场停机坪之外很难在其他区域活动，为了确保飞机的安全性和适航性，需要对其进行定期检查和修理维护。机场划出专门的区域供航空公司和相关专业机务维修公司对飞机进行操作。

（二）航空油库

飞机的运行需要大量的燃油，机场是飞机装载燃油的场所。在航空港的周边往往会建设有大型航空油库，以保障大量民航机的燃油需要。在停机坪地面下通常都铺设有输油管线，通过加油车安全、高效地为飞机补充燃油。

（三）消防站和机场医院

虽然民航运输是最安全的运输方式，但是大型民航机个别时候也会出现一些情况，为了避免人员伤亡和财产损失，国际民航组织要求在机场设置专用消防站，而且由于机场地势平坦，通常采用重型消防装备。

航空港往往距离市区较远，为及时抢救危重伤病人员，大型航空港往往设有机场医院，用以保障旅客和工作人员的健康。

图 5-15 航空管制塔台

第三节 我国大型航空港介绍

一、北京首都国际机场

北京首都国际机场中心坐标位于北京城区的东北方向，距市中心天安门广场约 25.35 千米，是我国地理位置最重要、规模最大、设备最齐全、

运输生产最繁忙的大型国际航空港。首都机场不但是首都北京的空中门户和对外交往的窗口，还是中国民用航空国内航线网络中的大型枢纽机场。

首都机场于 1958 年 3 月 2 日正式投入使用，随着整个华北地区民航的发展及客货运量的不断增长，首都机场进行了数次大规模的扩建。1980 年 1 月 1 日，面积为 6 万平方米的 1 号航站楼及停机坪、楼前停车场等配套工程建成并正式投入使用。1 号航站楼按照高峰小时旅客吞吐量 1500 人次进行设计。扩建完成后，首都机场飞行区域设施达到国际民航组织规定的 4E 标准。随着通往首都北京的国际航线数量和国际航班的密度稳步提高，1995 年 10 月至 1999 年 11 月期间，首都机场对现有航站区又一次进行了扩建。1999 年 11 月 1 日，建筑面积达 33.6 万平方米，用现代化技术设备装备起来的 2 号航站楼正式投入使用。2 号航站楼每年可接待超过 2650 万人次的旅客，高峰小时旅客吞吐量可达 9210 人次。为了增强航班起降能力，首都机场新建和扩建了跑道，现已拥有长 3800 米、宽 60 米和长 3200 米、宽 50 米两条 4E 级沥青跑道和最先进的着陆灯光系统及航空管制系统，已经步入世界性大型国际航空港的行列。

为了迎接 2008 年北京奥运会，首都机场航站楼的扩建工程于 2004 年 3 月 28 日开工，2007 年 12 月 28 日基本建成验收，2008 年 2 月 29 日迎来了第一架航班和第一批旅客。扩建工程的主要内容是新建第三条长 3800 米、宽 60 米的 4F 级跑道和建筑面积为 98.6 万平方米的 3 号航站楼和建筑面积 34 万平方米的交通中心。到 2015 年，机场将满足年旅客吞吐量 7600 万人次、年货邮吞吐量 180 万吨、年飞机起降 58 万架次（高峰小时飞机起降超过 124 架次）的要求。同时，北京市投资 62 亿元，建设了从东直门到 3 号航站楼的轻轨列车；增建了机场第二高速公路以及机场南高速和六环路到机场的北通道，这些交通系统均已于 2008 年 6 月份完成。3 号航站楼投入使用后，首都机场成为国内第一个三座航站楼、双塔台、三条跑道同时运营的机场。

图 5-16　北京首都国际机场

　　作为欧洲、亚洲及北美洲的核心节点，北京首都国际机场有着得天独厚的地理位置、方便快捷的中转流程、紧密高效的协同合作，使其成为连接亚、欧、美三大航空市场最为便捷的航空枢纽。国航、东航、南航、海航等中国国内主要航空公司均已在北京首都国际机场设立运营基地。星空联盟、天合联盟和寰宇一家世界三大航空联盟也都视北京首都国际机场为重要的中转枢纽。随着日益完善的国际航线网络的形成，使得北京首都国际机场成为世界最繁忙的机场之一，每天有 94 家航空公司的近 1700 个航班将北京与世界上 54 个国家的 244 个城市紧密连接。

二、上海浦东国际机场

　　上海浦东国际机场位于上海市东部，面积 40 平方千米，距市中心约 30 千米，距虹桥机场约 40 千米。浦东机场一期工程 1997 年 10 月全面开工，1999 年 9 月建成通航，一期建有一条长 4000 米、宽 60 米的 4E 级南北向跑道，两条平行滑行道，80 万平方米的机坪，共有 76 个机位，货运库面积达 5 万平方米。机场装备有世界先进水平的导航、通信、监视、气象和后勤保障等系统，能提供 24 小时全天候服务。浦东航站楼由主楼和候机长廊两大部分组成，均为二层结构，由两条通道连接，面积达 28 万平方米，到港行李输送带 13 条，登机桥 28 座；候机楼内的商业餐饮设施和其他出租服务设施面积达 6 万平方米。浦东机场一期工程改造工程完成后，又启动了第二座候机楼建设项目，以满足 2008 年北京奥运会和 2010 年上海世博会的运营需要，即具备年飞机起降 30 万架次、年旅客吞吐量 3650 万人次的保障能力。

图 5-17　上海浦东国际机场

浦东机场主要承担往来上海国际航班的起降任务。目前，浦东机场拥有两条 4E 级跑道，一条 4F 级跑道，日均起降航班达 800 架次左右，航班量已占到整个上海航班的六成。通航浦东机场的中外航空公司已达 60 家左右，航线覆盖 90 多个国际（地区）城市、60 多个国内城市。2013 年，浦东机场货运量达 292.85 万吨，已连续 6 年位居全球第 3 位；年旅客吞吐量 4718.98 万人次，位列全球第 21 位。随着上海国际性大都市作用的显现和机场设施的进一步完善，浦东机场步入国际级重要空港的行列指日可待。

三、广州新白云国际机场

广州新白云国际机场位于广州市北部的白云区人和镇和花都区新华镇交界处，一期工程占地面积约为 15 平方千米。新机场距广州市中心——海珠广场直线距离约 28 公里，距原白云国际机场 18 公里。其航站楼由主楼、连接楼、指廊和高架连廊组成，共分四层。新机场高速公路作为广州市北部的交通大动脉，可连通京珠、广深等高速公路，规划中的广州地铁二号线北端终点站设在新白云国际机场航站楼内。

广州白云国际机场一期工程场内占地 14.34 平方千米，其中飞行区约 8.6 平方千米，其他区域占地 5.74 平方千米。此外，中转油库和导航工程占地约 0.17 平方千米。其中，总平面规划有三条跑道，海拔 15 米（50 英尺）。一期建有两条跑道，分别位于航站楼的东西两侧。间距按 2200 米规划，能满足两条平行仪表跑道的独立平行进近要求。东跑道长度按 4000 米、宽 60 米规划，一期按 3800 米建设，满足现有目前全球最大型的客机空客 A380 全重起降，同时并考虑未来更大机型的起降可能。西跑道长度按 3600 米、宽 45 米建设，满足 4E 类以下飞机的全重起飞和降落；东跑道的东侧 680 米处规划有第三条跑道，长 3800 米、宽 60 米，标准为 4F 级，能够起落包括空客 A380 在内的大型客机。停机坪包括三部分：客机坪、货机坪、航空公司停机坪（包括维修机坪）。停机坪共提供 46 个近机位（可通过登机桥直接登机）和 28 个远机位（需乘摆渡车登机），停机坪总面积超过 90 万平方米。

图 5—18 广州新白云国际机场

自 2004 年转场运营以来，广州新白云国际机场连续实现旅客吞吐量的快速增长，成功实现多次跨越：2004 年转场当年，即过 2000 万人次，

2007 年又突破 3000 万人次，2010 年一举跨越 4000 万人次大关。以每 3 年旅客吞吐量净增 1000 万人次的增速发展，2003 年转场前还排在世界第 70 位的白云国际机场将排名世界 15 位左右，成为近年来全球进步最快的机场之一。

目前，新白云国际机场与 33 家航空公司建立了业务往来，已开通航线 110 多条，通达国内外 100 多个城市，保障机型近 30 种。是中国南方航空集团公司和深圳航空公司的基地机场。

四、上海虹桥国际机场

上海虹桥国际机场位于上海市西郊，距市中心仅 13 公里，它曾经是上海航空港的代名词。机场拥有跑道和滑行道各一条，跑道长 3400 米、宽 57.6 米，停机坪约 48.6 万平方米，共有 66 个机位，其先进的基础设施和各种导航、通信、保障系统使机场达到 4E 级条件。此外，机场拥有面积为 8.2 万平方米的候机楼，由 A、B 两座候机楼紧密相连，包括 15 个候机大厅、18 个贵宾室和 15 条行李传输系统。

图 5—19　上海虹桥国际机场航拍图

随着浦东国际机场的建成启用，上海的两个机场在航线侧重上有了明确分工，虹桥国内、浦东国际。顺利实现航班东移，虹桥机场承担着起降国内航班的任务，同时继续保留国际航班的备降功能。目前，虹桥机场作为国内航空客货周转中心，日均起降航班 540 架次左右，架起了连接上海与内地的空中之桥。

五、深圳宝安国际机场

深圳宝安国际机场是中国境内集海、陆、空联运为一体的现代化国际空港，也是中国境内第一个采用过境运输方式的国际机场。深圳宝安国际机场于 1991 年 10 月正式通航，是中国第一家由地方自筹资金兴建的机场。截止到 2011 年 2 月，深圳宝安国际机场已经通航国内外的 100 多个城市，开通航线 141 条。其中，国内航线 109 条，港澳台航线 3 条，国际航线 32 条。

在近二十年的发展历程中，深圳宝安国际机场的发展创造了令世界瞩目的奇迹。实现通航以来，深圳宝安国际机场旅客吞吐量和货邮吞吐量高速增长，多年来保持全国第四大机场的地位，经济效益位居全国同行首列。客运方面，1996 年 12 月，深圳宝安国际机场一跃而成为国内第四大机场。2003 年，旅客吞吐量突破 1000 万人次，正式跨入全球百强机场行列。2007 年，深圳宝安国际机场旅客吞吐量突破 2000 万大关，跨入世界最繁忙机场行列。2010 年完成旅客吞吐量 2671.3 万人次，同比增长 9.1%；货邮吞吐量 80.88 万吨，同比增长 33.6%；航空器起降 21.69 万架次，同比增长 7%。因 2010 年在货运方面的系列突出表现，深圳宝安国际机场在 2011 年 3 月被世界权威货运杂志《航空货运新闻》（*Air Cargo News*）授予全球"年度最佳货运机场"奖。这是国内机场首次获

图 5-20　深圳宝安国际机场

得该荣誉。

目前，深圳宝安国际机场正在紧锣密鼓地进行扩建工程建设，扩建工程包括飞行区扩建和航站区扩建两部分。目前，长 3800 米、宽 60 米、飞行等级为 4F 的第二跑道已投入使用，该跑道可以满足包括"空中巨无霸"——空客 A380 客机在内的目前世界上最大型的客机起降。其中 T3 航站楼建筑面积达 45 万平方米，将于 2012 年底投入使用。

深圳宝安国际机场"十二五规划"中计划把深圳空港建设成为区域客运枢纽机场、货运门户、主要快件集散中心。2015 年，航空客运业务量方面在国内机场排名前列，在航空货运方面稳定保持全国第四的地位。

六、香港国际机场

香港国际机场是世界上最繁忙的货运枢纽，也是全球最繁忙客运机场之一，位于大屿山以北的赤鱲角，于 1998 年 7 月 6 日正式启用。自启用以来，一直坚守"安全、营运效率、顾客服务及环境"四大原则，先后 60 次被推举为全球最佳机场。

2014 年，香港国际机场的总客运量达 6330 万人次，总航空货运量共 438 万吨。机场连接全球约 180 个航点，包括 47 个内地城市。超过 100 家航空公司在机场营运，每天提供约 1 100 班航班。

机场拥有两座客运大楼及两条跑道，为香港带来巨大的社会及经济价值。机场与业务伙伴逾 65000 名人员紧守岗位，巩固了香港在国际及区域的主要航空物流中心地位。

香港国际机场是通往中国内地的门户。为迎合不断上升的需求，机场会继续加强与内地的综合多式联运网络，尤其是与珠三角的联系。设有跨境旅游车往返机场与内地逾 110 个城市及县镇，每天开出约 550 班定期班次。旅客更可选乘"航天跨境轿车"，以更舒适快捷的专车直达珠三角目的地。另外，珠三角旅客可享用跨境渡轮服务，经香港国际机场前往海外。旅客不仅舒适方便，更可享受简化的出入境及海关程序。

香港国际机场的航空交通量一直稳步增长。为应付中期需求增长，正投放超过 120 亿港元，发展中场范围及西停机坪。为了扩充航空辅助服务及航空货运设施，新航空货运站已于 2013 年正式运作。

图 5-21　香港国际机场一号客运大楼

为应对机场的长远需求增长，机场管理局正计划扩建香港国际机场成为三跑道系统。香港国际机场在三跑道系统运作下，到 2030 年将可处理 IATA Consulting 所预测的航空交通量，即每年客运量 1.02 亿人次、货运量 890 万吨，以及飞机起降量 607000 架次。

七、成都双流国际机场

成都双流国际机场位于成都市西南郊，距市中心 16 公里，有高速公路与市区相通，设有通往省内主要城市的长途汽车、直达市区的专用公交车和出租车服务站。

成都双流国际机场于 1993 年被国家批准为"国际口岸机场"，2000 年获"落地签证权"，是中国国际航空西南分公司、四川航空公司、中国东方航空四川分公司、成都航空公司和祥鹏航空成都分公司、深圳航空四川分公司的基地机场。截至 2014 年 12 月，成都双流国际机场已开通航线 241 条，其中国际地区航线 78 条，通航国内外城市 187 个，是中国中西部地区最大的航空枢纽港，正致力于打造国家级航空枢纽和创建世界十佳机场。

成都双流国际机场占地面积约 9.4 平方千米，现有两条平行跑道，其中西跑道长 3600 米，宽 45 米，等级 4E，具备Ⅱ类着陆标准；东跑道长

3600 米，宽 60 米，等级 4F，按Ⅲ类 A 着陆标准建设，可供空客 A380 飞机起降。机场共有停机位 145 个。

成都双流国际机场拥有两座航站楼。候机面积达 50 万平方米，设有登机廊桥 74 条，安检通道 64 条，值机柜台 207 个，有完善的中转、购物、餐饮、娱乐等配套服务功能，建有五星级和三星级酒店配套服务设施，可满足年旅客吞吐量 5000 万人次。

目前，成都双流国际机场建有三座航空货运站，总面积 10.7 万平方米，年货邮处置能力 150 万吨。其中建筑面积 5.5 万平方米的空港货运站是中国中西部最大、功能较完善的综合货运站，具备全天候通关能力。

成都双流国际机场 2000 年旅客吞吐量 552 万人次，2005 年旅客吞吐量 1389.96 万人次；2014 年旅客吞吐量 3771.2 万人次，客运量居中国中西部机场第一位，成都稳居中国大陆第四大航空城。

图 5-22 成都双流国际机场

成都双流国际机场先后荣获"国际卫生机场""全国文明机场""全国精神文明建设工作先进单位""全国五一劳动奖状"和"全国抗震救灾英雄集体"等殊荣，并已通过质量管理体系、环境管理体系和职业健康安全管理体系认证，在安全管理、旅客服务、应急保障等方面建立了与国际接轨的管理体系，形成了为中外航空公司提供服务和安全保障的综合能力。

成都双流国际机场是中国中西部地区最繁忙的民用枢纽机场，中国西南地区的航空枢纽和重要客货集散地，是前往拉萨、贡嘎机场的最大中转机场，也是前往昌都邦达机场、林芝米林机场的唯一中转机场。成都双流国际机场是中国国际航空西南分公司、四川航空股份有限公司、成都航空股份有限公司、深圳航空股份有限公司、东航四川分公司的基地机场。机场自 1987 年成立以来，连续 28 年位居中国十大繁忙机场之列，并始终保持空地安全事故为零的纪录。

八、重庆江北国际机场

重庆江北国际机场是中国民航区域性枢纽之一，位于重庆市东北部，距市中心 19 公里，于 1990 年 1 月 22 日建成投用，飞行区等级为 4E 级。目前，重庆机场拥有两条跑道（其中：第一跑道长 3200 米、第二跑道长 3600 米）；两座航站楼共 20 万平方米（其中国际楼 2 万平方米、国内楼 18 万平方米）；停机坪 76 万平方米，停机位 89 个，货库 9 万平方米。在西部地区率先实现双跑道、双航站楼运行，可满足波音 747−400 等大型客货机直航欧美的需要，可保障年旅客吞吐量 3000 万人次、货邮吞吐量 55 万吨、年飞机起降 26 万架次的运行需要。

近年来，重庆江北国际机场运输生产快速增长，航线网络日趋完善，机场通达性大幅提升。目前，重庆机场通航城市达到 120 个，其中国内 83 个，全国各省会城市及主要旅游城市全覆盖，国际及港澳台地区 37 个，主要通达东南亚、南亚、日韩、欧洲和北美。目前，重庆机场拥有国际（地区）货运航线 18 条，通航城市 22 个，基本构建起重庆至欧洲、北美、中亚、东南亚等地较为完善的货运航线网络，对重庆产业结构调整、经济社会发展起到了积极的推动作用。

图 5-23 重庆江北国际机场夜景

2006 年，重庆机场旅客吞吐量突破 800 万人次，步入全国十大机场行列。2007 年旅客吞吐量实现 1000 万突破，2009 年旅客吞吐量突破 1400 万人次，稳居中国十大机场，成为世界百强机场之一。2012 年旅客吞吐量突破 2000 万大关，成功迈入增长新量级。同时，国际（地区）客货增长迅速，2012 年完成国际（地区）旅客吞吐量 85 万人次，国际（地区）货运 8.5 万吨。

为满足快速发展的航空运输生产需求，重庆机场于 2009 年启动东航站区及第三跑道建设工程，该工程是民航局和重庆市"十二五"期间的重点建设项目。主要建设内容包括：新建一座 50 万平方米的 T3A 航站楼；航站楼前新建集城际铁路、地铁、长途换乘中心、停车楼于一体的 30 万平方米综合交通枢纽；新建一条 3800 米的 4F 级跑道，可满足 A380 起降；新建 80 万平方米停机坪，新增停机位 94 个。该项目将于 2015 年底前建成投用，将满足年旅客吞吐量 4500 万人次、货邮吞吐量 110 万吨、飞机起降 37.3 万架次的运输需求。

九、西安咸阳国际机场

西安咸阳国际机场位于中国内陆中心，建于 1991 年，位于西安市西北方向的咸阳市渭城区底张镇，距市中心 47 公里，是中国西北地区最大的空中交通枢纽，为我国主要的干线机场、国际定期航班机场和全国十大机场之一。机场飞行区等级 4F 级，拥有两条跑道（长 3000 米、宽 45 米，长 3800 米、宽 60 米），可满足世界上载客量最大的空客 A380 客机起降，停机位 127 个，登机桥 44 个；三座航站楼，总面积 35 万平方米，值机柜台 140 个，安检通道 36 条；8 万平方米的综合交通枢纽，2.5 万平方米的货运区，1.2 万平方米的集中商业区。多年来，西安咸阳国际机场一直在我国民航机场业保持着行业领先地位，运输业务量连续多年快速增长。截至 2014 年末，机场航班量、旅客吞吐量、货邮吞吐量分别达到 24.5 万架次、2926 万人次和 18.64 万吨，年均增速分别达到 11.3%、13.9%和 7.7%。

图 5-24　西安咸阳国际机场

西安咸阳国际机场以其"承接东西，联结南北"的区位优势，成为中国国内干线重要的航空港和国际定期航班机场，是中国民用航空局规划建设的八大区域性枢纽机场之一，也是中国东方航空集团西北公司、海南航空集团长安公司、南方航空集团西安分公司、天津航空西安分公司、幸福航空有限责任公司、深圳航空西安分公司的基地机场。目前，咸阳机场与国内外 48 家航空公司建立了航空业务往来，开辟的通航点达 136 个，航线 269 条。

十、南京禄口国际机场

南京禄口国际机场坐落于南京市江宁区禄口镇，是中国十大机场之一，是华东地区的主要货运机场，1995 年 2 月 28 日开工建设，1997 年 7 月 1 日正式通航。禄口机场的战略定位是"中国大型枢纽机场，航空货运和快件集散中心"。

为更好地服务江苏经济社会的发展，经国家发展改革委员会批准，2011 年 4 月 1 日，禄口机场二期工程以 2020 年为目标年，按年旅客吞吐量 3000 万人次、货邮吞吐量 80 万吨、飞行 26 万架次的规模设计建设。2014 年 7 月 12 日投入运营。截至 2014 年底，禄口机场有 3600 米跑道两条，航站楼两座，成为国内继北京首都国际机场、上海浦东国际机场、广州新白云国际机场之后的第四个 4F 级机场。总面积超过 40 万平方米，机坪面积近 110 万平方米，规模居华东第三。

图 2-25　南京禄口国际机场

机场目前拥有通往 60 个国内主要城市、20 个国际和港澳台地区城市的 130 多条航线，每周进出港航班达到 2800 个。机场通航以来，已连续 17 年实现安全年。近年来，禄口机场突出发展航空主业，积极开辟和发展国际航线，借助机场航线网络和航空运输保障优势，不断拓宽市场渠道，航空业务持续增长。2009 年，机场客流量首次突破 1000 万人次，跻身全国千万级大型机场行列。截至 2013 年底，累计保障飞行 117.77 万架次，旅客吞吐量 1.17 亿人次，货邮吞吐量 224.97 万吨，为区域经济社会发展做出了应有贡献。

机场现有中国东方航空江苏有限公司、深圳航空江苏分公司、中国邮政货运航空公司等三家基地航空公司。在南京机场运营的中外航空公司已超过 25 家。2006 年起，机场在苏皖两省先后设立 16 座城市候机楼和 5 座城市货站。

十一、昆明长水国际机场

昆明长水国际机场位于云南省昆明市官渡区长水村（昆明市区东北方向），距市区约 24 公里，始建于 2007 年，于 2012 年 6 月 28 日全面投入运营。其前身是昆明巫家坝国际机场。该机场是国家"十一五"期间唯一批准建设的大型门户枢纽机场，是全国继北京首都机场、上海浦东机场之后第三家实现双跑道独立运营模式的机场，为全球百强机场之一，是我国面向东南亚、南亚，连接欧亚非的"中国西南门户国际枢纽机场"，与乌鲁木齐地窝堡国际机场并列为我国两大国家门户枢纽机场。

航站楼面积 54.83 万平方米，拥有停机位 109 个、廊桥 68 条、跑道 2 条。东跑道为 4F 级，长 4500 米、宽 60 米，西跑道为 4E 级，长 4000 米，宽 45 米。昆明长水国际机场航站楼单体建筑面积世界第一，机场总建筑面积仅次于北京首都国际机场、上海浦东国际机场和香港国际机场，居全国第四、世界第五。

现共计开通航线 319 条，其中国内航线 275 条，国际航线 38 条，地区航线 6 条；通航城市 118 个，含国内城市 89 个，地区城市 3 个，国际城市 26 个。建设时的规划吞吐量为旅客吞吐量 3800 万人次，货邮吞吐量 95 万吨，飞机起降 30.3 万架次，远期可达 8000 万人次。2013 年，该机场在全国千万级机场中旅客吞吐量增长率位居第一，增长率达 23.8%，净增长 572 万人次。2014 年机场旅客吞吐量 3223 万 。

图 5-26　昆明长水国际机场

　　目前，东方航空云南有限公司、祥鹏航空、昆明航空、四川航空云南分公司、瑞丽航空有限公司在长水机场设立了基地，厦门航空、山东航空、吉祥航空、深圳航空、中国南方航空、海南航空则设立了过夜基地。

　　昆明长水国际机场二期工程将建设 T2 航站楼，于 2015 年开工，2020 年前完工。同时，将新建两条跑道。届时昆明长水国际机场能够满足年客流量 8000 万人次的运营要求。

第六章　民航企业文化与公共关系

第一节　民航企业文化

一、企业文化的定义

企业文化，或称组织文化（Corporate Culture 或 Organizational Culture），是一个组织由其价值观、信念、仪式、符号、处事方式等组成的特有的文化形象。

企业文化是在一定条件下，企业生产经营和管理活动中所创造的具有该企业特色的精神财富和物质形态。它包括文化观念、价值观念、企业精神、道德规范、行为准则、历史传统、企业制度、文化环境、企业产品等。其中价值观是企业文化的核心。

广义上说，文化是人类社会历史实践过程中所创造的物质财富与精神财富的总和；狭义上说，文化是社会的意识形态以及与之相适应的组织机构与制度。

二、主要内容

根据企业文化的定义，其内容是十分广泛的，但其中最主要的应包括以下几点。

（一）经营哲学

经营哲学也称企业哲学，源于对社会人文经济心理学的创新运用，是一个企业所特有的从事生产经营和管理活动的方法论原则。它是指导企业行为的基础。一个企业在激烈的市场竞争环境中，面临着各种矛盾和多种选择，这就要求要有一个科学的方法论来对其加以指导，有一套逻辑思维的程序来决定自己的行为，这就是经营哲学。例如，日本松下公司"讲求经济效益，重视生存的意志，事事谋求生存和发展"，这就是它的战略决策哲学。

（二）价值观念

所谓价值观念，是人们基于某种功利性或道义性的追求而对人们（个人、组织）本身的存在、行为和行为结果进行评价的基本观点。企业的价值观是指企业职工对企业存在的意义、经营目的、经营宗旨的价值评价和为之追求的整体化、个异化的群体意识，是企业全体职工共同的价值准则。

（三）企业精神

企业精神是指企业基于自身特定的性质、任务、宗旨、时代要求和发展方向，并经过精心培养而形成的企业成员群体的精神风貌。它是企业职工观念意识和进取心理的外化。

图 6-1 航空企业文化

企业精神是企业文化的核心，在整个企业文化中起着支配的地位。企业精神以价值观念为基础，以价值目标为动力，对企业经营哲学、管理制度、道德风尚、团体意识和企业形象起着决定性的作用。可以说，企业精神是企业的灵魂。

（四）企业道德

企业道德是指调整该企业与其他企业之间、企业与顾客之间、企业内部职工之间关系的行为规范的总和。它是从伦理关系的角度，以善与恶、公与私、荣与辱、诚实与虚伪等道德范畴为标准来评价和规范企业。

（五）团体意识

团体即组织，团体意识是指组织成员的集体观念。团体意识是企业内部凝聚力形成的重要心理因素。

（六）企业形象

企业形象是企业通过外部特征和经营实力表现出来的，被消费者和公众所认同的企业总体印象。由外部特征表现出来的企业的形象称表层形象，如招牌、门面、徽标、广告、商标、服饰、营业环境等，这些都给人以直观的感觉，容易形成印象；通过经营实力表现出来的形象称深层形象，它是企业内部要素的集中体现，如人员素质、生产经营能力、管理水平、资本实力、产品质量等。

（七）企业制度

企业制度是在生产经营实践活动中所形成的，对人的行为带有强制性，并能保障一定权利的各种规定。

（八）文化结构

企业文化结构即企业物质文化、企业行为文化、企业制度文化、企业精神文化的形态。

（九）企业使命

所谓企业使命，是指企业在社会经济发展中所应担当的角色和责任。

附录：我国部分航空公司的企业文化

1. 中国国际航空股份有限公司

企业精神强调"爱心服务世界、创新导航未来"；企业使命是"满足顾客需求，创造共有价值"；企业价值观是"服务至高境界、公众普遍认同"；服务理念是"放心、顺心、舒心、动心"。中国国际航空股份有限公司的企业文化表达了向世界传播爱心、追求卓越服务品质的理念。

图6-2　中国国际航空股份有限公司标志

2. 中国南方航空股份有限公司

坚持"以人为本"的管理理念，实施文化战略，以"让南航成为客户的首选，成为沟通中国与世界的捷径"为公司使命，以"南航人、客户至上、安全、诚信、行动、和谐"为核心价值观，倡导"对员工关心，对客户热心，对同事诚心，对公司忠心"的服务理念。

图6-3　中国南方航空股份　　　图6-4　中国东方航空股份
　　　　有限公司标志　　　　　　　　　　有限公司标志

3. 中国东方航空股份有限公司

使命：让旅客安全舒适地抵达

目标：追求卓越、求精致强

精神：满意服务高于一切

道德：服务大众、奉献社会、敬业爱岗、精诚共进

4. 四川航空股份有限公司

企业精神：攻坚不畏难，敢为天下先

企业目标：美丽川航，做优做强做富

企业宗旨：创造效益，服务社会

企业口号：心对心承诺，门对门服务

企业价值观：真、善、美、爱、义、信、智、礼

经营哲学：以诚换"信"，旅客至上

企业哲学：员工利益为首，旅客利益为上，股东利益为大，国家利益为本

图6-5　四川航空股份有限公司标志

5. 厦门航空有限公司

厦航以"提供'安全、优质、诚信'的航空运输服务，促进中国民航运输业的发展"为企业使命，确立了"团结拼搏，开拓奋飞"的企业精神；明确了"成为一家'安全、质量、效益先进，职业道德文明'的中等规模优质航空公司"的企业愿景和"安全、优质、诚信、创新"的核心价值观；构建了"以安全为基础，以效益为中心，以业绩论英雄"的工作方针和"以人为本""从严务实细化管理"的管理思想，塑造了"安全、优质、诚信"的企业品牌。

图6-6　厦门航空有限公司标志

第二节　民航企业公共关系

"公共关系"一词首次出现在 1807 年美国总统托马斯·杰斐逊的国会演说中。

公共关系（Public Relations）是指某一组织为改善与社会公众的关系，促进公众对组织的认识、理解及支持，以达到树立良好组织形象、促进商品销售的目的的一系列公共活动。其本义为社会组织、集体或个人必须与其周围的各种内部、外部公众建立良好的关系。它是一种状态，任何一个企业或个人都处于某种公共关系状态之中。它又是一种活动，当一个工商企业或个人有意识地、自觉地采取措施去改善和维持自己的公共关系状态时，就是在从事公共关系活动。作为公共关系主体长期发展战略组合的一部分，公共关系的含义是指这种管理职能：评估社会公众的态度，确认与公众利益相符合的个人或组织的政策与程序，拟定并执行各种行动方案，提高主体的知名度和美誉度，改善形象，争取相关公众的理解与接受。

一、民航企业的经营需要公共关系

近几年来，改革开放给各企业带来了勃勃生机，企业的对外交往也日益增加。社会主义企业要适应形势的发展，需要具有中国特色的公共关系；每个企业领导要适应复杂多变的经营环境并在激烈的竞争中争取主动，就必须熟谙公共关系学的基本原理及方法。

第一，企业的生存发展离不开公共关系。西方工业发达国家的经验表明，企业与公众的良好关系是企业赖以生存的条件和获得成功的基本保证。企业要生存发展，就要协调和处理好内部和外部的各种关系，而要解决这些问题，就要立足于平时的努力，着眼于长远打算，日积月累，逐步树立良好的公共关系。

第二，企业的经营决策离不开公共关系。企业要生存、发展，要取得明显的社会效益和经济效益，就离不开公共关系。公共关系强调的"利他原则"和"利己原则"，也就是真诚合作、互利互惠。从公关角度讲"利己"应该正视现实，必须以"利他"为必要前提，才能达到"利己"的目的。例如：春节期间各航空公司首先实行的是让利于教师、学生，其次使企业达到多销薄利的目的，这样做既受到了社会的众口称赞，为企业树立了良好的形象，同时又解决了本企业在春节期间运输吨位不足的问题，提高了飞机的客座利用率，取得了较好的经济效益，可谓一举两得。

第三，企业的"内联外挤"离不开公共关系。公共关系是"内联外挤"的名片，是竞争的需要。航空公司要想提高经济效益，要想和国外先进的航空公司竞争，"内联外挤"是条重要途径，但这条途径必须依靠公关来引路。在民航与各单位进行全方位、多功能的接触，并通过广告、宣传和赠送有本公司明显标志的宣传纪念品的同时，使对方不自觉地为本公司做义务宣传，从而提高本公司的知名度，广招天下客。此外，通过扩大与国内外各航空公司的交流，沟通国内外市场信息，可以进一步提高企业的战略决策水平，使企业能够准确无误地寻找市场、占有市场。

二、民航企业公共关系的建立

（一）民航企业设立公共关系机构的必要性

党的十一届三中全会以来，我国的经济发展取得了举世瞩目的辉煌成就，对内搞活、对外开放的政策使我国社会经济发生了深刻变化。民航企业要搞好经营管理，就必须进一步吸收国外的先进技术和良好的管理经验。为此，笔者认为民航企业应建立专门的公共关系机构，以便更好地适应对外交往的需要。公共关系机构只要把握好时机，采取有力的宣传和促销措施，企业的知名度和竞争力定能加强。当前，民航企业的领导者，应当清醒地看到公共关系的重要性，要赋予公共关系机构一定的权威，使其能代表最高决策层，真正起到参谋部和智囊团的作用，要充分利用公共关系机构去广泛宣传民航的企业文化，争取广泛持久的客源，使企业在国内国际竞争日益激烈的形势下发展壮大，永远立于不败之地。

（二）民航企业建立公共关系的途径

1. 建立企业内部的公共关系

　　企业要适应经营环境，建立良好的形象和声誉，首先得从内部做起，民航企业要实现自己的目标，要想获得外部公众的支持和合作，就必须获得本企业内部职工的理解和支持。从一些成功企业的经验看，企业内部的公共关系，应着重注意以下几方面的问题。

　　(1) 建立基本的价值观念。许多潜心研究"优秀公司成功经验"的企业家都指出，对于成功具有根本意义的，是一种价值观念，必须有一种基本的信息，以动员、激励本企业的全体职工，充分调动员工的积极性。这种基本信念赋予全体职工日常工作的崇高意义，赋予企业以重大的社会责任，是全体职工行动的"指南针"。价值观念的建立与企业领导人的能力和个人风格有密切关系，企业领导要不断提高自己的领导艺术，注意发挥企业公关人员的作用，依靠全体职工，树立起基本价值观念并形成企业独特风格，使之成为企业的"凝聚力"和"向心力"，带领企业全体员工团结奋进。如某公司今年的货运奋斗指标是2亿4千万吨公里，全体职工目标明确，只有优质、安全地完成今年的奋斗目标，才能保障国家、企业、个人的利益，于是全体职工心往一处想，劲往一处使，从而目标就把全体职工的心凝聚在一起了。

　　(2) 群众是真正的英雄。企业要创造一个使全体职工都能成为企业与社会的积极参与者的良好环境，要让全体职工，特别是广大的基层职工，感到自己的工作有干头，自己的事业有奔头。要运用各种形式给职工的成长和发展提供充分的机会，如让职工了解企业的全部经营状况，并在企业计划等方面积极表现出自己的才华；进行系统培训，使全体职工掌握必要的技术；采取多种形式的奖励，鼓励冒尖，对尖子人才给予肯定和扶持，使他们有更多的用武之地和更多的晋升机会。只有这样，才能不断提高企业每个人的素质，适应民航事业的飞速发展。

　　(3) 逐步建立融洽的"家庭气氛"。企业对职工的业余生活要给予积极的关心，使职工感觉在本企业工作犹如置身于家庭之中一样，有一种安全感、舒畅感、归属感。要使职工感觉到工作本身就是一种有人情味的生活。在这样一种融洽的家庭气氛中，他们在工作中遇到的焦虑和压力会以种种方式得到缓解，在工作中获得成功的喜悦也会有人分享。这种情感需求的满足，必将形成强大的工作动力和献身精神。

除了上述几个方面之外，要搞好企业内部的公共关系，还可以开展领导和职工的对话活动，以增加双向交流和透明度；开展形式多样的文体活动；等等。只有充分调动起全体职工的积极性，才能体现出企业良好的精神面貌。

2. 建立企业外部的公共关系

企业开展外部公共关系，目的是建立起良好的企业声誉，创造出一个良好的外部环境。搞好企业的外部关系要注意以下几方面的问题。

（1）搞好新闻宣传。这是一项重要的工作，在现代社会中，一方面众多信息必须通过新闻渠道才能传播出去，另一方面，新闻传播渠道来得快、及时，易于取得较好的效果。

搞好新闻宣传，主要是要写好新闻稿，及时拍摄录像和加强与新闻界联络。在撰写新闻稿时，要注意稿件应具有新闻价值，在民航企业中下列八项工作可能具有较高的新闻价值：①新引进机种及新飞机的特点；②增添新的设备及服务工作的改进；③对新开辟航线及开辟地的风土人情等方面的介绍；④年运输量的产值、利润方面的突破；⑤高级人员的任免和升迁及他们的突出业绩；⑥职工在国家、省、市企业等取得的荣誉；⑦企业对职工福利的关怀，包括对家属和离退休人员的特殊照顾；⑧对社会公益活动的参与和赞助。

（2）做好公共关系广告。公关广告不同于一般的商品推销广告，一般的广告以推销商品为目的，而公关广告则是要创造购买的气氛。公关广告大体有三种类型。一是"企业广告"，主要宣传企业的价值观念，对内产生凝聚力，对外产生号召力。二是"响应广告"，这类广告所要强调的是企业与社会生活各方面的关联性和公共性，以求得各界公众的理解和支持，它的一个主要内容是以企业的名义对政府在当前社会活动中的某个指示或倡导表示响应。三是"创意广告"，这主要是指以企业名义率先发起某种社会活动或提倡某种有意义的新观念等，并以此为主题制作广告。这种广告的目的，就是要表明企业对社会生活的积极参与，如果做得好，真正有创新，企业可以给公众中留下"领导新潮流"的强烈印象。

（3）联络好各类公众。搞好与社会各界公众的联络有三个重要途径。一是办好展览会，除了展出的内容要精心设计外，良好的接待也很重要，

接待员应懂得专业知识、善于交际并且仪表端庄。二要提供社会服务，常见的一种社会服务是提供咨询，另一种服务是利用企业的技术力量举行各种形式的社会培训。提供社会服务应以不盈利为原则，诚心诚意，不搞沽名钓誉的花架子。三是提供赞助，即从财、物上提供支持。在提供赞助时，一要做效果分析，二是量力而行。有效才做，有利才做。如果不加分析，有求必应地慷慨捐赠，效果反而不佳。

（4）开展广泛的市场教育。国内外的一些知名企业十分重视市场教育，把它作为公共关系的一项重要内容。市场教育方法很多，基本的方法有以下几种。

①编撰以顾客和货主为对象的各种机构刊物。

②举办培训班，培训客货市场调查人员，通过他们向顾客、货主介绍飞机的设施以及民航的有关要求、规定，取得配合。

③开设陈列室或咨询服务中心，尽力满足公众要求。

④经常参加专业性和一般性的交易会、展览会，了解掌握市场动向。

⑤向电台、电视台等新闻单位提供资料或派出人员，主动介绍企业情况。

（5）提供特殊服务。提供特殊服务最主要的目的是给予方便，应收费合理、方便快捷，使货主、旅客满意。良好的特殊服务可以增强公众对企业的信任，使其愿意与企业长期合作，使企业声誉经久不衰，获得并占有市场，长期获利。

附　录

附录一：国内航空公司二字代码、票证代码及名称

二字 代码	票证 代码	中文名	英文名
CA	999	中国国际航空股份有限公司	Air China
CZ	784	中国南方航空股份有限公司	China Southern Airlines
MU	781	中国东方航空股份有限公司	China Eastern Airlines
FM	774	上海航空股份有限公司	Shanghai Airlines
3U	876	四川航空股份有限公司	Sichuan Airlines
EU	811	成都航空有限公司	Chengdu Airlines
HU	880	海南航空股份有限公司	Hainan Airlines
MF	731	厦门航空有限公司	Xiamen Airlines

二字代码	票证代码	中文名	英文名
SC	324	山东航空股份有限公司	Shandong Airlines
ZH	479	深圳航空有限责任公司	Shenzhen Airlines
8L	859	云南祥鹏航空有限责任公司	Lucky Air
BK	866	奥凯航空有限公司	Okay Airways
G5	987	华夏航空有限公司	China Express Airlines
KN	822	中国联合航空有限公司	China United Airlines
HO	018	上海吉祥航空有限公司	Juneyao Airlines
JD	898	北京首都航空有限公司	Beijing Capital Airlines
9C	089	春秋航空股份有限公司	Spring Airlines
PN	847	西部航空有限责任公司	West Air
NS	836	河北航空有限公司	Hebei Airlines
JR	929	幸福航空有限公司	Joy Air
KY	833	昆明航空有限公司	Kunming Airlines
VD	981	河南航空有限公司	Henan Airlines
CN	895	大新华航空有限公司	Grand China Air
GS	826	天津航空有限责任公司	Tianjin Airlines
KA	043	香港港龙航空有限公司	Hong Kong Dragon Airlines

二字 代码	票证 代码	中文名	英文名
CX	160	香港国泰航空有限公司	Cathay Pacific Airways
NX	675	澳门航空公司股份有限公司	Air Macau
CI	297	台湾中华航空股份有限公司	China Airlines
BR	695	台湾长荣航空股份有限公司	Eva Air

附录二：国内主要城市机场三字代码

省（区、市）	三字代码	机场所在地	机场名称
黑龙江省	HRB	哈尔滨市	太平国际机场
	NDG	齐齐哈尔市	三家子机场
	MDG	牡丹江市	海浪机场
	JMU	佳木斯市	东郊机场
	HEK	黑河市	黑河国际机场
	YLN	依兰县	依兰机场
	DQA	大庆市	萨尔图机场
吉林省	CGQ	长春市	龙嘉国际机场
	YNJ	延吉市	朝阳川国际机场
	JIL	吉林市	二台子机场
	TNH	通化市	通化机场
辽宁省	DLC	大连市	周水子国际机场
	SHE	沈阳市	桃仙国际机场
	SHE	沈阳市	东塔机场
	CHG	朝阳市	朝阳机场
	JNZ	锦州市	小岭子机场
	DDG	丹东市	浪头国际机场
	IOB	鞍山市	鞍山机场
	CNI	长海县	大长山岛机场
	XEN	兴城市	兴城机场
河北省	SHP	秦皇岛市	秦皇岛机场
	SHF	山海关区	山海关机场
	SJW	石家庄市	正定国际机场
	HDG	邯郸市	邯郸机场

省（区、市）	三字代码	机场所在地	机场名称
河南省	CGO	郑州市	新郑国际机场
	LYA	洛阳市	北郊机场
	NNY	南阳市	姜营机场
	AYN	安阳市	安阳机场
山西省	TYN	太原市	武宿国际机场
	DAT	大同市	怀仁机场
	CIH	长治市	王村机场
山东省	TNA	济南市	遥墙国际机场
	WEH	威海市	大水泊机场
	TAO	青岛市	流亭国际机场
	WEF	潍坊市	文登机场
	YNT	烟台市	莱山机场
	LYI	临沂市	临沂机场
	TNB	济宁市	济宁机场
	DOY	东营市	永安机场
湖北省	WUH	武汉市	天河国际机场
	SHS	荆州市	沙市机场
	XFN	襄阳市	刘集机场
	YIH	宜昌市	三峡机场
	ENH	恩施市	许家坪机场
湖南省	DYG	张家界市	荷花机场
	CSX	长沙市	黄花国际机场
	CGD	常德市	桃花源机场
	HNY	衡阳市	衡阳机场
	HJJ	芷江县	芷江机场
	LLF	永州市	零陵机场

附录

省（区、市）	三字代码	机场所在地	机场名称
江西省	KHN	南昌市	昌北国际机场
	JIU	九江市	庐山机场
	JDZ	景德镇市	罗家机场
	KOW	赣州市	黄金机场
	JGS	井冈山市	井冈山机场
安徽省	TXN	黄山市	屯溪机场
	HFE	合肥市	骆岗机场
	AGG	安庆市	大龙山机场
	FUG	阜阳市	西关机场
	BFU	蚌埠市	蚌埠机场
浙江省	HGH	杭州市	萧山国际机场
	HSN	舟山市	普陀山机场
	NGB	宁波市	栎社国际机场
	WNZ	温州市	永强机场
	YIW	义乌市	义乌机场
	HYN	台州市	路桥机场
	JUZ	衢州市	衢州机场
江苏省	NKG	南京市	禄口国际机场
	WUX	无锡市	无锡机场
	XUZ	徐州市	观音机场
	LYG	连云港市	白塔埠机场
	YHZ	盐城市	盐城机场
	CZX	常州市	奔牛机场
	NTG	南通市	兴东机场
广东省	CAN	广州市	白云国际机场
	MXZ	梅州市	梅州机场
	ZUH	珠海市	三灶机场
	SWA	汕头市	外砂机场
	SZX	深圳市	宝安国际机场

省（区、市）	三字代码	机场所在地	机场名称
广东省	ZHA	湛江市	湛江机场
	SHG	韶关市	韶关机场
	XIN	兴宁市	兴宁机场
福建省	WUS	武夷山市	武夷山机场
	XMN	厦门市	高崎国际机场
	FOC	福州市	长乐国际机场
	JIN	晋江市	泉州机场
	LCX	连城县	连城机场
海南省	HAK	海口市	美兰国际机场
	SYX	三亚市	凤凰国际机场
四川省	CTU	成都市	双流国际机场
	MIG	绵阳市	南郊机场
	YBP	宜宾市	莱坝机场
	LZO	泸州市	蓝田机场
	DAX	达州市	河市机场
	XTC	西昌市	青山机场
	NAO	南充市	都尉坝机场
	GHN	广汉市	广汉机场
	JZH	松潘县	九寨沟黄龙机场
	PZI	攀枝花市	保安营机场
贵州省	TEN	铜仁市	大兴机场
	KWE	贵阳市	龙洞堡国际机场
	ZYI	遵义市	遵义机场
	ACX	兴义市	兴义机场
	HZH	黎平县	黎平机场
	AVA	安顺市	黄果树机场

省（区、市）	三字代码	机场所在地	机场名称
陕西省	SIA	西安市	西关机场
	XIY	咸阳市	咸阳国际机场
	ENY	延安市	二十里铺机场
	AKA	安康市	五里铺机场
	UYN	榆林市	西沙机场
	HZG	汉中市	汉中西关机场
甘肃省	LHW	兰州市	中川机场
	DNH	敦煌市	敦煌机场
	JGN	嘉峪关市	嘉峪关机场
	IQN	庆阳市	西峰镇机场
	CHW	酒泉市	酒泉机场
青海省	XNN	西宁市	曹家堡机场
	GQQ	格尔木市	格尔木机场
云南省	KMG	昆明市	巫家坝国际机场
	LJG	丽江市	丽江机场
	JHG	西双版纳州	景洪机场
	LNJ	临沧市	临沧机场
	DLU	大理市	大理机场
	LUM	芒市	芒市机场
	DIG	迪庆州	迪庆机场
	SYM	普洱市	普洱机场
	ZAT	昭通市	昭通机场
	BSD	保山市	保山机场
	YUA	元谋县	元谋机场
广西壮族自治区	NNG	南宁市	吴圩机场
	KWL	桂林市	两江国际机场
	BHY	北海市	福城机场
	LZH	柳州市	白莲机场
	YUZ	梧州市	长洲岛机场

省（区、市）	三字代码	机场所在地	机场名称
宁夏回族自治区	INC	银川市	河东机场
新疆维吾尔自治区	URC	乌鲁木齐市	地窝铺机场
	HTN	和田市	和田机场
	YIN	伊宁市	伊宁机场
	KRY	克拉玛依市	克拉玛依机场
	TCG	塔城市	塔城机场
	KHG	喀什市	喀什机场
	AAT	阿勒泰市	阿勒泰机场
	AKU	阿克苏市	温宿机场
	KRL	库尔勒市	库尔勒机场
	KCA	库车县	库车机场
	IQM	且末县	且末机场
	HMI	哈密市	哈密机场
	FYN	富蕴县	可可托托海机场
内蒙古自治区	HET	呼和浩特市	白塔国际机场
	BAV	包头市	海兰泡机场
	HLH	乌兰浩特市	乌兰浩特机场
	HLD	海拉尔区	东山国际机场
	XTL	锡林浩特市	锡林浩特机场
	CIF	赤峰市	土城子机场
	TGO	通辽市	通辽机场
	NZH	满洲里市	西郊机场
	WUA	乌海市	乌海机场
西藏自治区	LXA	拉萨市	贡嘎机场
	BPX	昌都市	昌都邦达机场
重庆市	CKG	重庆市	江北机场
	WXN	万州区	万州机场
	BPX	梁平区	梁平机场

省（区、市）	三字代码	机场所在地	机场名称
北京市	PEK	北京市	首都国际机场
	NAY	北京市	南苑机场
上海市	PVG	上海市	浦东国际机场
	SHA	上海市	虹桥国际机场
天津市	TSN	天津市	滨海国际机场
香港特区	HKG	香港地区	香港国际机场
澳门特区	MFM	澳门地区	澳门国际机场
台湾地区	TPE	台湾地区	桃园国际机场